Sophie Panonacle

—

Quand on n'a que la mer...

19 scientifiques témoignent de leur amour pour l'océan

Préface
José-Manuel Lamarque

Glénat

Entre chaque vague, il y a une caresse, un souvenir,
un baiser, un sourire, que la mer ramène.

À Christian et Hugo,
mes deux étoiles pour toujours.

Préface

Les liens entre la science et l'océan

L'océan et la science, la science et l'océan: voilà un couple immortel. Depuis toujours, l'océan est un sujet d'étude pour les sciences dites molles: l'histoire, l'anthropologie, l'archéologie, et aujourd'hui l'économie, voire la philosophie. Ici, je me réfère à l'ouvrage du philosophe Roberto Casati, *Philosophie de l'Océan*. Mais cela va plus loin, car l'océan est aussi porteur de méditation: on médite avec l'océan, on médite en s'y baignant. De plus, il est imprégné de mythologies, d'us et coutumes, de traditions et de légendes – mais là, je dépasse le cadre des sciences molles.

Vous l'aurez remarqué, l'économie fait partie des sciences molles, tout comme la géopolitique. La géopolitique est-elle une science?... À l'instar de la géographie, qui appartient aux sciences sociales. Ainsi, l'océan s'étudie sous plusieurs angles: une histoire de l'océan, une géopolitique de l'océan, une économie de l'océan, notamment à travers le phénomène de maritimisation, ce processus d'accroissement des échanges internationaux par voie maritime.

Si nous avons levé l'ancre avec les sciences molles, continuons notre traversée avec les sciences dures: physique, chimie, biologie, géologie, astronomie, botanique et bien d'autres, comme la microbiologie marine. L'océan est aussi tout cela. Le CNRS l'a d'ailleurs bien compris. Puisque l'océan est un tout, pourquoi ne pas réunir toutes les disciplines? C'est ainsi qu'a été créé le GDR OMER, le Groupe de Recherche Océan et Mer du CNRS, qui rassemble physiciens, chimistes, anthropologues, ethnologues, biologistes marins, philosophes, océanographes, océanautes et océanologues.

Les liens entre la science et l'océan sont multiples et essentiels. L'océan joue un rôle clé dans l'équilibre de la planète. Concernant le climat, il absorbe environ 90 % de la chaleur excédentaire due au réchauffement climatique et agit comme un régulateur thermique de la Terre. L'étude des courants marins, de l'acidification des mers et de leur rôle dans le cycle du carbone permet d'affiner nos connaissances et, si possible, d'anticiper les changements climatiques.

Aujourd'hui, l'océan recouvre 75 % de notre planète. Il est apparu il y a 4 milliards d'années, et avec lui, la vie. Sa biodiversité est exceptionnelle. Mais que savons-nous réellement de la vie marine ? À peine 10 % de la biodiversité océanique était citée, et ce chiffre serait aujourd'hui réduit à 3 %. De nombreuses espèces restent inconnues, notamment dans les abysses...

Alors que l'Homme rêve de conquérir Mars, que savons-nous des abysses, dont les plus profonds atteignent quelque 11 000 mètres ? L'océan demeure un monde méconnu : récifs coralliens, zones côtières, cheminées sous-marines, sources hydrothermales des grands fonds, isothermes dont la capacité d'absorption des variations de température est encore mal comprise. Pourtant, ces milieux sont cruciaux pour préserver les écosystèmes face aux menaces de pollution, de surpêche et de réchauffement climatique.

La biomasse océanique repose à 80 % sur le plancton – sans plancton, pas de vie. Ce monde microscopique s'étend du plus petit des virus planctoniques au plus grand des planctons, le siphonophore, qui atteint 60 mètres de long. Le plancton, composé de bactéries, virus, microalgues et zooplancton, constitue la base de la chaîne alimentaire. Avec ses 12 000 variétés d'algues, il nourrit l'humanité depuis des millénaires.

L'océan est aussi notre océan. Nous venons tous de l'océan, que nous soyons marins ou simples habitants du littoral. Le phénomène de littoralisation – cette migration massive des populations vers les côtes – témoigne de notre lien ancestral avec la mer. Ici aussi, la science intervient, notamment à travers les travaux de l'anthropologue Alix Levain du CNRS.

Nous sommes les témoins de l'océan. Nous observons son érosion, sa submersion. Nous vivons à son rythme, tandis qu'il subit l'impact de l'activité humaine : pollution plastique, hydrocarbures, métaux lourds... Ici encore, la science se mobilise, avec les chercheurs du CNRS, de l'Ifremer et de l'IRD (Institut de Recherche pour le Développement), qui analysent ces pollutions et cherchent des solutions tout en jouant un rôle de lanceurs d'alerte.

« Science sans conscience n'est que ruine de l'âme », disait Gargantua à son fils Pantagruel dans l'œuvre de Rabelais. Oui, nous avons besoin de la science pour sauver l'océan. Une science qui alerte, pour que notre âme ne se perde pas en ignorant cet héritage commun, si cher à la navigatrice Catherine Chabaud.

L'océan est une source de molécules uniques aux propriétés prometteuses pour la médecine et l'industrie pharmaceutique. Des organismes marins ont déjà permis la découverte de médicaments anticancéreux, d'antibiotiques et d'enzymes utilisées en biotechnologie. Et l'aventure ne fait que commencer. Grâce aux avancées scientifiques, l'exploration et la préservation des grands fonds marins progressent. L'océanographie physique et biologique étudie les courants, les marées et la dynamique océanique.

Avec moins de 10 % des abysses explorés, les sciences marines poursuivent leurs recherches pour mieux comprendre ce monde largement inconnu. L'océan est aussi une source d'énergie renouvelable. Son potentiel est immense : marémotrice, houlomotrice, éolienne offshore, hydromotrice... Le développement de ces énergies dépend des sciences et technologies marines.

Ainsi, l'océan et la science avancent ensemble. Je n'ai pas évoqué le biomimétisme marin et la bio-inspiration, où la science et la technologie s'associent pour innover. Mais ceci est une autre histoire passionnante...

José-Manuel Lamarque

Auditeur de l'IHEDN et de l'Académie de Marine. Grand reporter en charge des *Chroniques Littorales* sur France Inter. Les *Chroniques Littorales* invitent à découvrir l'actualité du monde maritime et océanique. Elles sont un rendez-vous quotidien où les Mériens et les Mériennes, les Gens de Mer ouvrent grands les hublots d'un monde, d'une société bien souvent peu connue, qui, à travers l'histoire a développé une industrie, une économie, enrichi des sciences, des droits, tout en inspirant des auteurs, des artistes, une société qui a gardé ses us et coutumes, ses traditions, son vocabulaire, en participant bien au commun national, international. Une société de gens engagés pour la préservation de l'océan, en sachant l'utiliser avec humilité, et faisant perdurer un devoir, l'esprit d'équipage.

Introduction

Quand on n'a que la mer...

« La mer, qui commença la vie sur ce globe,
en serait encore la bienfaisante nourrice,
si l'homme savait seulement respecter l'ordre
qui y règne et s'abstenait de la troubler. »

Jules Michelet, *La Mer*, 1861

J'aime croire que la mer est ce qui nous reste quand on n'a plus rien. Notre relation avec la mer s'apparente à une intrigue amoureuse, faite de grands bonheurs et de profondes trahisons. La mer, cet espace qui convoque l'infiniment grand et l'infiniment petit, appartient à tout le monde et à personne. Pourtant, face à 5 océans et 113 mers, les femmes et les hommes, souvent le dos tourné, peinent à se sentir réellement concernés par leur état de santé.

L'océan est une rumeur ancienne, une présence qui déborde les cartes, les traités, les mots. Il est le premier et le dernier monde. Une surface, un volume, un fond. Il recouvre, relie, sépare. Il est matrice du vivant, espace d'échanges et de conflits, territoire de savoirs et de fictions. Aujourd'hui, il est aussi scène d'inégalités, révélateur de crises, front écologique majeur. À l'heure où les bouleversements systémiques affectent jusqu'aux couches profondes de ses eaux, l'océan nous oblige à poser sur lui d'autres regards, à écrire d'autres récits, à engager d'autres actions.

L'océan est le maître du jeu, le détenteur des équilibres de la vie sur la planète bleue. Il possède le pouvoir suprême de réguler le climat. Puits de carbone, il produit l'oxygène dont nous avons tant besoin. Il est capable de stocker et de transporter la chaleur des tropiques jusqu'aux régions les plus tempérées. Il accueille dans ses eaux des millions d'espèces connues et autant encore à découvrir.

C'est dans ce contexte qu'a eu lieu la 3e Conférence des Nations Unies sur l'océan, à Nice en juin 2025. Ce moment, initié par la France et le Costa Rica, a offert une opportunité rare de faire converger des attentions et des savoirs autour des enjeux maritimes. Ce livre collectif est né de cet élan. Il n'entend pas être un catalogue d'expertises, mais un espace d'écriture et de pensée partagées. Un geste pour révéler la pluralité des mondes que contient l'océan. Une façon d'habiter autrement le temps et les mots, pour mieux comprendre ce qui se joue au large et en profondeur.

Le livre part d'un constat simple : les discours dominants sur l'océan sont trop souvent techniques, abstraits ou déconnectés des expériences concrètes. L'océan est réduit à des fonctions (ressource, route, réserve), à des données (tonnage, acidité, réchauffement), à des crises (pollution, piraterie, submersion). Ce qui manque, ce sont des paroles situées, des récits ancrés, des lectures critiques. Ce livre aspire à combler ce vide.

Pour cela, il rassemble des contributions courtes ou longues, issues de chercheuses et chercheurs, d'écrivaines et écrivains, de témoins ou d'acteurs de terrain. L'objectif n'est pas de produire un savoir homogène, mais de faire apparaître une diversité de points de vue, de régimes de vérité, de modes d'expression. L'attention portée au langage, aux formes et aux tonalités d'écriture est centrale. Il ne s'agit pas de publier un dossier technique, mais de proposer un objet vivant, hybride, accueillant des textes analytiques, documentaires, narratifs, sensibles.

Le collectif éditorial veille à cette pluralité. Il met en relation des champs trop souvent étanches : droit, océanographie, philosophie, histoire, sociologie, géographie, sciences politiques, sciences de l'environnement. Il valorise également les paroles rarement entendues de celles et ceux qui observent ce qui se passe à la surface de l'océan et dans les abysses, qui habitent les littoraux, qui naviguent, qui dépendent de la mer, qui la protègent ou la traversent. Il s'agit de rendre visible la dimension conflictuelle de l'océan contemporain, mais aussi les dynamiques de soin, de solidarité et de réinvention qui s'y déploient.

Face à des défis immenses, une armée de l'ombre se mobilise : la communauté scientifique internationale. En lisant leurs témoignages intimes, j'espère que vous entendrez leur message : offrir la mer en partage.

L'ambition du livre est claire : proposer une cartographie partielle mais engagée des manières de penser avec l'océan aujourd'hui. Pour sauver l'océan, nous avons besoin d'un élan universel, impliquant en premier lieu les plus jeunes générations. Je fais le vœu de voir s'ouvrir un nouveau monde où l'océan serait le lien indéfectible entre les femmes et les hommes de la planète mer.

Sophie Panonacle

Députée du Bassin d'Arcachon depuis 2017, Commandeure de l'Ordre du Mérite Maritime et Commissaire au Développement durable à l'Assemblée nationale, Sophie Panonacle a rédigé le rapport d'évaluation de la loi sur l'économie bleue et créé la Team maritime en 2018. Présidente du bureau du Conseil National de la Mer et des Littoraux et Présidente du Comité National du Trait de Côte, elle a initié la Fête de la Mer et des Littoraux. Active au sein des coalitions « Women Actions for the Ocean » et « Interparliamentary Coalition for Ocean Protection », elle publie *L'Appel de Nice : la science au secours de l'océan*, cosigné par 100 parlementaires en amont de la Conférence des Nations-Unies de juin 2025.

Chapitre 1

• • •

COMPRENDRE ET PRÉSERVER L'OCÉAN

Apprendre le langage de l'océan

En 1956, Jacques-Yves Cousteau a présenté le film, depuis controversé, *Le Monde du silence*. Ce dernier a contribué à l'idée largement répandue selon laquelle l'océan serait un environnement silencieux, dépourvu de tout langage. Pourtant, si l'on y prête attention, l'océan possède son propre langage, exprimé à travers les vagues et les courants. Les marins et les scientifiques apprennent à interpréter ces éléments pour prévoir la météo, naviguer ou encore comprendre les écosystèmes marins. Le bruit du ressac et le clapotis des vagues, quant à eux, sont souvent les premiers sons que nous percevons de l'océan, lors de nos promenades sur les rivages. Pour les plus attentifs d'entre nous, ces sonorités éveillent des émotions.

La symphonie fragile des océans

Au-delà du bruit de l'eau, des sons plus subtils se manifestent. L'océan s'exprime également à travers ses nombreux habitants, qui communiquent entre eux de diverses manières, notamment par des signaux visuels, chimiques ou acoustiques. Le rôle de ces sons dans le développement de la vie sous-marine est beaucoup mieux appréhendé de nos jours, grâce à la progression considérable, ces dernières années, des avancées technologiques et de la recherche acoustique. Ainsi, de nombreuses études mettent en lumière l'importance du facteur sonore pour une multitude d'espèces marines, influençant leurs comportements et leur développement. Les chants complexes des mammifères marins, tels que les baleines et les cétacés, fascinent les chercheurs, qui s'efforcent de déchiffrer leur signification et leur rôle dans la vie sociale de ces animaux. Moins connue du grand public, l'importance des sons dans la reproduction de nombreux organismes et dans l'établissement des larves d'invertébrés dans leur futur habitat, est tout aussi fascinante. Par exemple, les larves d'huîtres, qui se déplacent au gré des courants, dépendent des signaux sonores émis par les adultes pour s'installer sur les rochers. Les sons jouent également un rôle majeur non seulement dans la prédation, mais également dans la protection des organismes. Ainsi, la crevette-pistolet utilise un bruit assourdissant, pouvant atteindre 220 décibels, pour assommer sa proie, tandis que le minuscule ver des éponges siliceuses est capable de produire un grondement tonitruant pour effrayer ses prédateurs et ceux des éponges hôtes. L'océan, loin d'être silencieux, résonne d'une symphonie de sons essentiels à la vie marine, qu'il s'agisse de communication, de reproduction ou de protection.

Sous la surface, l'océan murmure, chante et gronde, mais aujourd'hui, ses voix sont noyées par le tumulte des hommes.

Pourtant, cette richesse sonore est aujourd'hui menacée : notre propre activité génère une pollution acoustique croissante, imperceptible à nos oreilles, mais délétère pour les espèces qui en dépendent.

Les scientifiques identifient deux types de pollution sonore : **la pollution chronique et la pollution aiguë**. La première provient principalement du trafic maritime, qui ne cesse d'augmenter. Le brouhaha généré, entre autres, par les vibrations, les bruits des moteurs, des pompes de refroidissement et la cavitation des hélices, perturbe les organismes marins. Ces nuisances entravent leur capacité à communiquer et induisent également un stress qui altère leur comportement et leur physiologie. En ce qui concerne la pollution sonore aiguë, elle résulte de l'utilisation de canons à air lors des opérations de prospection sismique ou de battage de pieux pour l'installation d'éoliennes. Ces techniques émettent des niveaux sonores allant de 220 à 250 décibels, alors que le seuil de douleur pour les humains est fixé à 120 dB. Bien que les effets de cette pollution sonore aiguë sur les animaux marins soient encore mal compris, des études ont révélé que les cétacés peuvent subir des blessures, entraînant des pertes d'audition, voire leur mort. Des chercheurs espagnols ont établi un lien entre les échouages massifs de calamars géants, observés entre 2001 et 2003, et l'utilisation de ces canons. Par ailleurs, les rares études sur l'impact du bruit sur le plancton, lequel constitue la base des réseaux trophiques marins, mettent en évidence la mortalité de ces micro-organismes liée à ces pratiques.

Menaces acoustiques et communication

En plus de cette menace, d'autres pressions anthropiques pèsent sur l'océan, telles que le réchauffement des eaux, l'acidification des océans, l'érosion de la biodiversité marine, ainsi que la pollution chimique et biologique. Ces facteurs constituent une partie du changement global et affectent non seulement les écosystèmes marins et le littoral, mais aussi les patrimoines culturels.

Sous l'effet de ce changement global, l'océan est sous pression. Il est essentiel de protéger les différents écosystèmes qui le composent, car ils jouent un rôle majeur pour notre planète et, par conséquent, pour l'humanité. Nous devons également lutter contre le climato-scepticisme et l'obscurantisme qui gagnent un peu plus de terrain chaque jour. Alors, comment pouvons-nous nous mobiliser? Comment faire entendre la voix de l'océan? Comment apprendre à comprendre son langage? Avant toute chose, il est essentiel de le connaître. Les professionnels de la mer (scientifiques, marins, pêcheurs...) qui, par leurs observations, leur proximité, leur expérience et leurs études, sont les mieux placés pour devenir des ambassadeurs de l'océan, peuvent ainsi échanger avec les citoyens autour du langage de l'océan afin que nous puissions tous ensemble protéger les écosystèmes marins.

«*On protège ce qu'on aime, et on aime ce qu'on connaît*»: cette devise, souvent attribuée à Jacques-Yves Cousteau, incarne parfaitement notre engagement. C'est pourquoi la devise du Muséum national d'Histoire naturelle (MNHN), «*Émerveiller pour instruire*», formulée par notre ancien président Bruno David, a évolué pour devenir «*Émerveiller pour agir*» sous la direction de notre nouveau président, Gilles Bloch. Cette évolution reflète l'urgence d'agir face aux défis environnementaux actuels. Au-delà de l'acquisition de connaissances scientifiques, notre mobilisation repose notamment sur la formation et la médiation scientifique, qui sont au cœur des missions du MNHN.

La plupart des formations de la station marine de Concarneau offrent une immersion dans la biodiversité marine grâce à des sorties sur le terrain, à notre Marinarium – qui constitue un puissant outil de formation et de médiation scientifique – ainsi qu'à nos riches collections. Nous nous investissons tant dans la formation initiale que continue. Pour accroître notre impact auprès des apprenants, notre public s'élargit désormais au-delà des élèves biologistes, incluant également des étudiants en design et en ingénierie marine. Parallèlement, nous sensibilisons les entreprises à la biodiversité marine, à sa fragilité et à son importance, à travers des formations spécifiques. Avec deux collègues, nous avons développé une formation intitulée «*Comprendre et intégrer les enjeux de biodiversité dans une démarche RSE et Développement* durable» au cours de laquelle les participants explorent la complexité d'un écosystème – en l'occurrence un récif corallien néo-calédonien – à travers un jeu interactif. Ils découvrent également l'impact des pressions anthropiques et sont invités à proposer des solutions pour les atténuer. Cette formation offre aux entreprises des outils précieux pour repenser leur stratégie RSE en intégrant les enjeux liés à la biodiversité, dans le but de protéger le vivant et de contribuer à un environnement durable.

La médiation scientifique: un pont entre chercheurs et citoyens

La transmission du savoir s'effectue également par le biais de la médiation scientifique, qui va bien au-delà de la simple vulgarisation. Elle intègre une dimension réflexive, permettant non seulement aux citoyens de devenir des acteurs en établissant un dialogue avec les scientifiques, mais aussi d'interroger ces derniers sur leurs travaux. Cette médiation se décline sous diverses formes, telles que des conférences, des expositions, des tables rondes, des débats, des fêtes de la science et des ateliers. Parmi toutes ces initiatives, j'ai une préférence pour les projets qui allient arts et sciences, notamment à travers des résidences d'artistes, des formations au dessin scientifique, ainsi qu'un projet «Jeunes Reporters des Arts, des Sciences et de l'Environnement» (JRASE),

Saint Pierre (Zeus faber) *poisson vivant dans l'Atlantique.* Cette œuvre a été réalisée par un des participants de la formation du dessin scientifique qui se tient à Concarneau.
© Photographie de Nadia Améziane

initié par Océanopolis et mené en partenariat avec cet organisme. Cette collaboration entre art et science stimule la créativité et l'innovation, donnant lieu à des expositions et même à des publications.

Le projet JRASE me tient particulièrement à cœur. Il offre aux élèves et aux enseignants la possibilité de s'investir dans un projet pluridisciplinaire centré sur le thème de l'océan. Une fois leur problématique définie, des échanges enrichissants s'établissent entre les élèves et les scientifiques, donnant naissance à des créations qui allient arts et sciences. Pour ma part, j'ai eu le plaisir d'initier de nombreux élèves à la diversité des échinodermes (oursins, étoiles de mer, concombres de mer, etc.) et à leur rôle essentiel dans les écosystèmes. Je leur ai également présenté les formes de vie étonnantes qui peuplent nos océans et sont souvent qualifiées de monstres. Les élèves comprennent très rapidement que le véritable monstre n'est pas celui auquel on pense ! Le moment de la restitution devant leurs camarades est toujours chargé d'émotion. Quel plaisir de découvrir la danse des diatomées, d'écouter la chanson des échinodermes ou encore d'assister à la représentation de « Questions pour un plancton », où les élèves de maternelle interagissent avec ceux du lycée. Les yeux brillent d'enthousiasme, et ce ne sont pas seulement ceux des élèves ; des messages puissants émergent, et le langage de l'océan prend toute sa dimension.

Vers une nouvelle forme de médiation scientifique : participation et collaboration

La médiation scientifique, bien qu'elle établisse un lien entre les chercheurs et les citoyens, repose en réalité sur l'ensemble du processus de la recherche, depuis la formulation des questions scientifiques jusqu'à la publication des résultats, en passant par l'acquisition et l'analyse des données. Toutefois, des initiatives qui mobilisent les citoyens de tous âges et les rendent acteurs de la préservation de nos océans existent: ce sont les sciences participatives.

Les sciences participatives constituent un outil précieux pour sensibiliser les citoyens à la biodiversité et les encourager à devenir des acteurs engagés dans sa préservation. En associant scientifiques et citoyens, ces programmes permettent une collecte de données à grande échelle, enrichissant notre compréhension des écosystèmes et des impacts du changement global. Grâce à des initiatives comme Vigie-Nature et Vigie-Nature École, le MNHN joue un rôle essentiel dans ce domaine.

Les programmes tels qu'Objectif Plancton et Plages Vivantes, menés à la station marine de Concarneau, illustrent parfaitement cette collaboration. En particulier, Plages Vivantes, avec son protocole ALAMER, constitue un programme de recherche participatif construit avec des citoyens. Il s'articule autour d'un observatoire dédié à la biodiversité des hauts de plage, une zone présentant des enjeux à la fois fonctionnels et patrimoniaux importants. L'objectif de cet observatoire est de documenter la

Bénévoles recensant la biodiversité des hauts de plages dans le cadre du projet de sciences participatives ALAMER. Cet inventaire de la laisse de mer est essentiel pour bien appréhender cet écosystème. © Fabien Verniest, MNHN

Forêt de laminaires au large de Raguenez en Bretagne. Ces algues brunes, éléments importants de la laisse de mer, jouent un rôle majeur en servant de nourriture, de support ou d'abris à de très nombreuses espèces. © Pauline Poisson, MNHN

Cette algue rouge, ou corde de Solier (*Solieria chordalis*), échouée sur une plage du Finistère sud est également un constituant de la laisse de mer. © Pauline Poisson, MNHN

composition de la laisse de mer, laquelle se compose des algues échouées en haut de plage. Contrairement à une idée reçue, ces algues ne doivent pas être considérées comme une pollution, mais plutôt comme un élément essentiel de l'écosystème côtier. Le programme vise également à évaluer l'impact des pressions anthropiques sur ces végétaux, afin de mieux comprendre et préserver la biodiversité de nos plages. Cependant, pour garantir le succès et la pérennité de ces initiatives, il est crucial de veiller à la validation des données par les scientifiques, à l'accessibilité des protocoles d'acquisition et à un retour d'information régulier pour maintenir l'engagement des participants.

Ces programmes de sciences participatives ne se contentent pas d'accroître nos connaissances scientifiques grâce à l'engagement des citoyens, ils influencent également les politiques publiques en matière de conservation. En témoigne la décision de certaines communes bretonnes de cesser le ramassage mécanique de la laisse de mer sur les plages. Cela montre que l'éducation et la sensibilisation des citoyens peuvent avoir un impact direct sur la gestion des ressources naturelles et la protection de la biodiversité.

Un autre projet, cette fois centré sur l'engagement des élèves en tant que garants de leur territoire, est celui des aires éducatives. Certains chercheurs de la station participent activement aux Aires Marines Éducatives (AME) , un concept innovant et participatif lancé en 2012 aux îles Marquises sous l'impulsion des élèves de l'école primaire de Vaitahu. Une AME est une petite zone maritime que les élèves gèrent collectivement tout au long de l'année scolaire. Les objectifs de cette initiative sont d'apprendre à connaître la mer, à la gérer et à vivre en harmonie avec elle.

En tant que marraine d'une AME d'une école primaire de Concarneau, j'ai eu l'occasion d'assister à plusieurs Conseils de la mer des enfants. Je me souviens de la réponse d'un élève sur l'impact de leurs actions: « Si ce sont les enfants qui parlent aux adultes, cela va peut-être marcher. »

Les élèves de l'école primaire de Lanriec, à Concarneau, réalisent l'inventaire des plantes du littoral de leur aire marine éducative (AME). Ils sont accompagnés de Jean Pierre Nicolas, ethnobotaniste passionné. © Nathalie Delliou, Esprit Nat'ure

Mobilier pédagogique présentant quatre espèces emblématiques de l'estran afin de sensibiliser les usagers de la plage à la biodiversité locale. Ce matériel a été conçu par les élèves de l'école primaire de Lanriec, à Concarneau, dans le cadre de la gestion de leur aire marine éducative (AME). © Nathalie Delliou, Esprit Nat'ure

Outre cet enthousiasme des élèves, il est très motivant de constater que ceux qui gèrent une AME acquièrent des connaissances sur les écosystèmes marins et développent le désir d'être au plus près du vivant tout en enrichissant leurs savoirs.

Parmi les projets que j'ai pu mener avec les élèves d'une AME, j'ai suivi, au printemps 2023, une classe de trente élèves de CM1/CM2. Nous avons travaillé sur un projet de bio-inspiration dont le thème était: «Comment adapter la ville de Concarneau à la montée des eaux en s'inspirant des organismes marins?» Les enfants ont pris plaisir à réfléchir et proposer des solutions innovantes: des routes flottantes, des murs capables d'expulser l'eau par filtration à la manière des éponges. Cet exercice leur a également permis de réduire leur éco-anxiété en leur montrant qu'ils pouvaient trouver des solutions à certains enjeux environnementaux.

Les AME vont bien au-delà d'un simple outil pédagogique. Elles représentent une approche novatrice qui combine éducation, écologie et citoyenneté. En sensibilisant les jeunes générations, elles contribuent à une gestion durable des océans, essentielle pour la préservation de notre planète. De plus, elles pourraient devenir des observatoires et des sentinelles pour évaluer les effets du changement global sur nos littoraux, notamment l'impact du dérèglement climatique, des pollutions et des espèces invasives.

Ces initiatives – qu'il s'agisse de sciences participatives, d'éducation à la mer ou de projets artistico-scientifiques – jouent un rôle essentiel en nous permettant non seulement d'apprendre à écouter, mais aussi à comprendre le langage complexe de l'océan. En approfondissant notre connaissance de ses signaux, de ses rythmes et de ses habitants, nous devenons des acteurs engagés, capables de défendre et de faire entendre la voix de l'océan face aux menaces croissantes.

Je conclurai en soulignant l'importance vitale de reconnecter l'humanité au vivant pour préserver la biodiversité de nos océans.

Cette reconnexion nous révèle que l'humain n'est pas au centre du vivant, mais qu'il en fait partie intégrante. C'est en cultivant une relation respectueuse avec le vivant que nous pourrons assurer sa protection pour les générations futures.

En apprenant à écouter et à comprendre l'océan, nous devenons capables de le défendre. C'est en agissant collectivement, avec lucidité et engagement, que nous pourrons faire entendre sa voix. Ensemble, devenons les voix de l'océan.

Nadia Améziane

Enseignante-chercheuse, professeure au Muséum national d'Histoire naturelle et à la station Marine, directrice adjointe de L'institut de l'océan et ancienne cheffe de la station marine de Concarneau. Outre ses activités de recherche, elle s'implique dans la formation et la médiation menées au sein ou en partenariat avec la station.

L'océan, témoin des changements

Ces séries de crises que nous vivons en accélération depuis une cinquantaine d'années, bouleversements de tous ordres, économiques, politiques, écologiques, climatiques... trouvent toutes leurs racines dans des défauts majeurs des systèmes humains quand ils laissent libre cours à l'imprévoyance, l'arrogance ou encore la cupidité ! Cette virose récente, la COVID-19, venue de Chine, aurait dû nous inciter à en tirer les enseignements les plus percutants. De même, la place de l'océan n'existait pas dans nos réflexions sur l'évolution du climat, jusqu'à la COP21, à Paris, en 2015 ! Et nous y avons alors insisté sur son rôle et sur l'intérêt de lire les changements dans le vivant à la lumière des destructions des écosystèmes, de leur pollution, de leur surexploitation et de la dissémination de tout partout (la « roulette écologique »). Et, n'oublions pas non plus que le climat qui change trop vite (fait bien relié aux activités humaines !) affecte le vivant et que le vivant qui disparaît affecte en retour le climat...

C'est quoi l'océan ?

La physico-chimie

L'océan constitue aujourd'hui le plus grand espace offert à la vie sur notre planète et recouvre à l'heure actuelle 70,8 % de la surface de la Terre. Mais il faut surtout le penser, l'océan, en volume (de l'ordre de 1 370 millions de km^3). La profondeur moyenne est autour de 3 800 mètres et la principale caractéristique de ce

Parmi les plus vielles roches de la Terre, avec des traces de vie (à plus de 3,5 milliards d'années), près de Nuuk au Groenland. © Françoise Fournié et Gilles Boeuf

gigantesque milieu est sa continuité, donc sa connectivité: ainsi, mieux vaut parler de l'océan que «des» océans. Les compétiteurs du Vendée Globe 2024-2025 (dont le dernier vient de franchir la ligne au moment où j'écris ces lignes!) ont bouclé leur tour du monde en solitaire, sans assistance ni escale, sans rencontrer aucune barrière physique ou frontière. Les lignes et pointillés, ce sont sur les cartes des géographes!

L'autre trait particulier de l'océan est, par rapport au reste des eaux libres sur la planète, sa salinité[1]. Celle-ci est au large de 35 grammes de sel par litre (pression osmotique de 1050 milliosmoles par litre) et la composition de l'eau océanique est d'une grande stabilité, depuis au moins 100 millions d'années (Ma)[1].

L'océan et l'atmosphère sont en intime connexion[7,2] et échangent de l'énergie sous forme de chaleur et d'humidité. L'océan absorbe la chaleur beaucoup plus facilement que les surfaces de glace ou les continents et stocke l'énergie beaucoup plus efficacement. Il restitue aussi cette chaleur plus lentement que les continents et contribue au climat plus tempéré des zones côtières. L'océan est donc un formidable régulateur du climat. Des changements dans la balance énergétique entre atmosphère et océan jouent un rôle important dans le changement climatique[1].

La circulation océanique est affectée par la circulation atmosphérique[1,2], et les courants de surface sont sous la dépendance des vents. Ils mélangent les eaux de surface jusqu'à la thermocline (en mer, zone de changement brutal de la température, à quelques mètres de la surface), sous laquelle les forces essentielles de circulation sont liées à la température et à la salinité, qui influencent la densité de l'eau.

L'océan alimente ainsi les gigantesques quantités d'énergie libérées accompagnant la genèse des tempêtes et cyclones, qui affectent aussi les continents et les populations humaines. Les *upwellings* (remontées d'eau froide profonde sur les côtes), riches en nutriments, modifient profondément les climats côtiers, et il est aussi essentiel de prendre en compte leurs fluctuations pour comprendre le système climatique[1]. Les trois premiers mètres de l'océan stockent à eux seuls plus d'énergie que la totalité de l'atmosphère, et l'océan a de gigantesques capacités d'inertie thermique et dynamique. Ce service de redistribution des masses d'eau, en transportant les eaux chaudes des tropiques vers les pôles et vice versa, est fondamental.

Le phénomène de l'oscillation sud-Pacifique (ENSO, alternance *niño/niña*) est bien connu, et se produit tous les 4 à 7 ans et permet l'inversion des vents avec une influence mondiale sur le climat et les pêcheries. Dans un travail[15] publié en 2021 dans *Nature Geoscience*, les auteurs démontrent que le débit du Gulf Stream est au plus bas depuis 1000 ans, et c'est aussi le moment (2012-2025) où le volume de la glace de l'Arctique est à son niveau le plus faible depuis 1000 ans! Et ceci s'est encore accentué aujourd'hui, nous venons d'avoir les données de 2024.

L'océan profond joue un rôle considérable dans ces capacités de stockage et de relargage de chaleur. C'est pourquoi cet immense réservoir de chaleur lui confère un extraordinaire rôle de modérateur des variations climatiques. Il piège et stocke également le dioxyde de carbone, le CO_2, nous évitant ainsi un effet de serre trop prononcé. Mais malheureusement, en contrepartie, l'océan s'acidifie à cause de la production d'acide carbonique, en réaction avec l'eau. L'océan ne sera jamais acide (pH inférieur à 7, grâce aux systèmes « tampons » des sels) mais il est déjà passé en dessous de 8 depuis la révolution industrielle[1].

Le phytoplancton océanique stocke lui aussi du dioxyde de carbone, dans la couche de surface, ainsi que toutes les espèces dénommées biocalcificateurs, des espèces vivantes qui biominéralisent. Elles jouent un rôle déterminant en récupérant le dioxyde de carbone et en le transformant en matière minérale (micro-algues, corail, mollusques, squelettes, coques des œufs, coquilles...).

La biodiversité

En raison de ces caractéristiques physiques et chimiques globales, la biodiversité marine est bien particulière. La diversité spécifique reconnue dans l'océan ne dépasse pas 13 % de l'ensemble des espèces vivantes actuellement décrites, soit moins de 300 000 espèces[9], ce qui peut paraître peu. Deux raisons peuvent l'expliquer.

La première, c'est que les connaissances, surtout pour les zones profondes et les micro-organismes, bactéries et protistes (micro-algues, levures...), ne sont encore que très partielles : nous sous-estimerions donc considérablement la biodiversité océanique. Sur tous ces petits êtres vivants, les approches moléculaires apportent chaque jour des connaissances étonnantes. La navigation circum-océanique de la goélette *Tara* nous fournit régulièrement, depuis 2009, des informations précieuses[3]

Vue aérienne du récif du Grand Sud en Nouvelle Calédonie, les coraux abritent plus du quart des espèces marines connues alors qu'ils ne représentent pas 1% de la surface ce de l'océan. © Françoise Fournié et Gilles Boeuf

Sterne huppée dans le lagon de Tahiti à Punauia, les sternes sont des Laridés avec une quarantaine d'espèces connues. © Françoise Fournié et Gilles Boeuf

(voir le numéro de la revue *Science* de mai 2015) sur l'abondance et la variété des virus, bactéries et protistes (peut-être plus de 600000 nouvelles espèces découvertes?).

Par ailleurs, et c'est la seconde raison, il est clair que les écosystèmes marins et le mode de vie dans un milieu continu (à travers la dispersion des cellules sexuelles et des stades larvaires) des espèces qui les peuplent prédisposent moins à l'endémisme strict (endémisme veut dire que l'on vit ici, localisé, et nulle part ailleurs) que les biotopes terrestres. Il existe beaucoup plus de barrières et d'isolats favorables à la spéciation (processus évolutif par lequel de nouvelles espèces vivantes apparaissent) sur terre qu'en mer. Cela entraîne des différences importantes en matière de diversité spécifique[8,9].

Les niches écologiques marines au large n'atteignent pas la richesse des niches terrestres, beaucoup plus morcelées et favorisant beaucoup plus les apparitions d'espèces nouvelles. Sur les côtes, c'est différent et plus riche (interface terre-océan), car la mer est perpétuellement «fécondée» par les apports terrigènes.

S'il y a beaucoup moins d'espèces en mer, il y a en revanche beaucoup plus de groupes ancestraux variés que sur les continents. Chez les animaux, l'un des mieux connus, présent uniquement en mer, est celui des échinodermes – oursins, étoiles de mer, crinoïdes ou encore concombres de mer. Ces animaux n'ont jamais été capables depuis leur apparition (800 Ma) de conquérir les eaux douces ou les milieux terrestres.

L'environnement marin a donc joué un rôle déterminant dans l'histoire de la vie et l'océan actuel garde son rôle primordial dans l'évolution de la vie et du climat.

La très grande variété des modes de reproduction en mer tire aussi parti des phénomènes de dispersion dans les masses d'eau, mâle et femelle n'étant pas toujours contraints d'être proches[9]. Ainsi, connectivité et variations bien plus faibles des facteurs environnementaux créent-elles la grande stabilité de l'océan au large et les caractéristiques bien spécifiques de la biodiversité qu'il abrite[1,5]. Les populations d'espèces marines, en revanche, vivraient beaucoup plus longtemps. Les systèmes côtiers, intermédiaires, avec de fortes influences terrigènes, sont, eux, soumis à des variations beaucoup plus grandes.

La stabilité de l'océan ouvert, au moins depuis 100 millions d'années, est aussi tout à fait extraordinaire, mais les activités humaines sont en train de changer cela avec des conséquences très préoccupantes : ralentissement des grands courants océaniques, acidification, eaux sans oxygène, hypersalinisation de certaines zones…

La biodiversité ne saurait bien sûr être assimilée à une simple liste d'espèces peuplant un écosystème particulier[5]. Elle est considérablement plus qu'un catalogue ou un inventaire ! C'est en fait tout l'ensemble des relations établies entre les êtres vivants et avec leur environnement. Ce sens du mot « biodiversité » a été diversement explicité, mais exprime globalement « l'information génétique que contient chaque unité élémentaire de diversité, qu'il s'agisse d'un individu, d'une espèce ou d'une population». Nous pouvons définir plus simplement la biodiversité comme étant la «fraction vivante de la nature»[5].

Grâce à leurs pigments spécifiques, des cellules marines ancestrales, en présence d'eau liquide, ont développé la photosynthèse, qui produit de l'oxygène et des sucres à partir de la lumière et du dioxyde de carbone avant 3500 Ma. L'oxygène a ensuite commencé à diffuser hors du milieu aquatique, la composition de l'atmosphère actuelle avec ses 21 % d'oxygène datant d'environ 100 Ma, au Crétacé.

Au cours de la même période est aussi survenu un fait exceptionnel, dans cet océan ancestral: l'apparition de la sexualité, tout d'abord chez les bactéries, et plus tard aussi chez les eucaryotes (cellules à noyau), qui s'est révélée si importante pour l'explosion de la biodiversité[6]. La reproduction sexuée permet un brassage génétique créateur de nouveauté et d'une diversité sans précédent: tous les individus sont différents. Une population pourvue de sexualité évolue beaucoup plus vite.

De plus, la prévalence de la sexualité permet le développement de la «course aux armements» des parasites et de leurs hôtes (coévolution et «dialogue moléculaire»), le brassage génétique, à terme plus apte à «désarmer» le parasite, et une sélection sexuelle, bien différente de la sélection naturelle[5].

L'océan, témoin des changements

Si l'océan joue un rôle essentiel sur le climat, les pertes en diversité biologique et les pollutions l'altèrent et causent à leur tour des conditions favorisant le changement climatique[2]. La quantité de dioxyde de carbone dans l'atmosphère et dans l'océan augmente. Les températures moyennes de l'air de la couche inférieure de l'atmosphère (près de la surface du globe) et de la surface de l'océan sont en hausse. Et le niveau moyen des mers augmente plus vite que jamais depuis la fin de la dernière ère glaciaire (20000 ans).

Les changements rapides de la composition chimique de l'eau de mer ont un effet délétère sur les écosystèmes océaniques qui étaient déjà stressés par la surpêche et la pollution. Si le changement climatique joue un rôle direct sur les pertes de diversité biologique, celles-ci contribuent aussi, en retour, au changement lui-même ! Et n'oublions pas que les effets de ce climat trop rapidement changeant s'ajoutent à ceux liés à la destruction et à la pollution des littoraux, dont ces microplastiques qui vont bientôt dépasser en masse le plancton marin, pourtant si déterminant pour produire de l'oxygène et capter le dioxyde de carbone en excès.

La présence en mer de redoutables perturbateurs endocriniens et de métaux lourds est également inquiétante, sans compter la surexploitation systématique des ressources vivantes et la dissémination anarchique d'espèces (dont les ballastages de grands navires). Cela fait beaucoup !

À partir de cette biodiversité, les humains pêchent depuis des temps ancestraux, certainement des dizaines de milliers d'années. Dès qu'ils sont parvenus sur des rivages, ils se sont mis à collecter des coquillages, des algues, à piéger des poissons... Comme en agriculture et dans les milieux continentaux, l'humain s'est aussi mis à élever certaines espèces marines sur les littoraux, et cela depuis au moins 4000 ans (en Égypte, en Chine...).

L'exploitation des ressources vivantes aquatiques, renouvelables, est en plein essor, mais avec de sérieuses inquiétudes concernant sa durabilité. Les derniers chiffres de la FAO disponibles en 2025[12,13] (pour l'année 2022) sont exprimés dans le tableau suivant.

La consommation humaine actuelle de produits aquatiques est en moyenne de 20,7 kg/hab./an (FAO, 2025). Aujourd'hui, un bon tiers des biomasses d'animaux d'intérêt économique sont surexploitées ! Et une étude récente montrait la mainmise de grandes organisations criminelles sur les pêches mondiales[4].

Glacier dans un fjord du sud du Groenland, passage du prince Christian, partout ils sont menacés par une fonte rapide liée à la température de l'eau. © Françoise Fournié et Gilles Boeuf

Phénomène lié au changement climatique et au réchauffement de la masse d'eau, les stocks halieutiques remontent en moyenne de 72 km vers le nord tous les dix ans dans l'hémisphère Nord[14], et la surpêche mondiale est très préoccupante : on a extirpé de l'océan entre 50 et 90 % de tous les grands individus des espèces de poissons pélagiques en quinze ans ! Les trois quarts de tous les stocks sont pleinement exploités ou surexploités (> 30 %).

L'aquaculture est en plein essor mais pose toujours des questions liées à son impact environnemental, aux destructions massives de mangroves (crevetticulture), à la transplantation d'espèces et, pour certains types d'activités, à l'usage de protéines animales dans l'alimentation des espèces d'intérêt (qui sont carnivores, comme les saumons).

ACTIVITÉS	EAUX CONTINENTALES (ED)	EAUX MARINES (EM)	TOTAUX
Pêcheries	11,3 millions de tonnes	79,7 millions de tonnes	91 millions de tonnes
Aquaculture	59,1 millions de tonnes	35,3 millions de tonnes	94,4 millions de tonnes
Total des productions	70,4 millions de tonnes	115 millions de tonnes	185,4 millions de tonnes
Emplois	**22,1 millions**	**33,6 millions**	**55,7 millions**

Tableau 1. Pêches et aquaculture mondiales, eaux continentales (ED) et marines (EM), FAO, 2025[13].

L'océan vivant ne se résume pas à ces ressources vivantes: ce sont aussi de l'ordre de 26000 molécules d'intérêt pharmacologique détectées (anticancéreux, antibiotiques, immunostimulants, immunosuppresseurs, facteurs de croissance, sondes moléculaires...) ou cosmétique, ainsi que d'extraordinaires et pertinents modèles pour la recherche scientifique et les applications biomédicales ou agronomiques qui en découlent, par exemple:

- La phagocytose et les molécules-clés de la cancérisation ont été découvertes grâce à des oursins et étoiles de mer;
- Les bases moléculaires de la mémoire, grâce à une limace de mer;
- La transmission de l'influx nerveux, grâce au nerf du calmar;
- Le choc anaphylactique, grâce au venin de méduse[7,8,10].

Toutes ces découvertes ont valu à leurs auteurs un prix Nobel. Un puissant analgésique a aussi été extrait des venins de coquillages marins, comme les cônes. Un sang artificiel universel a été imaginé à partir de vers marins (travaux de Franck Zal).

Certaines substances sont couramment utilisées, et 30 % d'entre elles ont été trouvées chez les éponges[10]. Tous les jours, de nouvelles molécules d'intérêt sont découvertes lors des criblages systématiques qui sont en cours. Le *National Institute of Health* (NIH), aux États-Unis, mène une politique agressive dans ce sens, consistant à rechercher en permanence de nouveaux principes actifs.

Beaucoup d'espèces marines vivent en grande densité, sont sessiles (fixées à l'état adulte, incapables de se mouvoir) et ont dû maintenir un polymorphisme génétique considérable. Ne pouvant échapper aux conditions défavorables par la fuite – réaction immédiate et efficace du «vivant mobile» –, elles ont, au cours du temps, développé des méthodes de défense très efficaces[7,8,9,10]. Ces défenses incluent des molécules de l'immunité non spécifique, comme les défensines et des peptides antimicrobiens, remarquablement efficaces contre les micro-organismes pathogènes (virus, bactéries, protistes ou champignons).

Les milieux extrêmes ont également permis l'émergence d'une biodiversité extraordinaire. Beaucoup de ces espèces particulières offrent des caractéristiques tout à fait intéressantes:

- Vie à haute ou très haute température (jusqu'à 150 °C);
- Vie en milieux froids sur le plancher océanique (1-3 °C);
- Hautes pressions (minimum – 1 800 m de profondeur, 180 atmosphères);
- Absence de lumière, d'oxygène, présence de soufre et de métaux;
- Chimiosynthèse et nombreuses symbioses bactériennes;
- ADN «protégé».

Des enzymes polymérases hyperthermostables, remarquables et fiables, extraites de ces environnements, sont aujourd'hui quotidiennement utilisées dans les laboratoires de biologie moléculaire.

Compte tenu des immenses potentialités des modèles marins pour la bio-inspiration et le biomimétisme, le CEEBIOS (Centre d'Étude et d'Expertise sur le Biomimétisme et la Bio-inspiration) a pour projet, en France, un centre de recherche dédié à l'usage d'espèces marines afin d'y trouver des matériaux performants et des techniques nouvelles.

Les usages de ces modèles sont multiples[11]:

- Réduction de la consommation de carburant;
- Lutte contre les salissures marines ou la corrosion;
- Développement de robots;
- Fabrication de colles;
- Géolocalisation via l'écholocalisation;
- Prévention des collisions;
- Traitement des eaux usées;
- Amélioration des ouvrages en mer;
- Élaboration de sang artificiel;

- Production de puissants anticancéreux;
- Purification de l'eau;
- Fabrication de bétons et de verres performants.

Cette démarche est très originale en France, où il était particulièrement nécessaire de structurer les efforts en matière de recherche et développement dans ce domaine transdisciplinaire faisant appel à la recherche fondamentale, aux sciences de l'ingénieur et aux technologies des entreprises.

La démarche biomimétique en recherche et développement nous conduit à nous réapproprier le monde du vivant, à nous inspirer des formes, des relations, des matériaux, des mécanismes offerts par son «génie»[11]. C'est une démarche qui suppose humilité, partage et respect, des valeurs sans lesquelles l'avenir de l'humanité sera bien sombre. L'environnement marin est loin d'avoir livré tous ses secrets, et nous nous devons de le protéger.
Nous n'avons pas d'avenir sans lui.

Gilles Boeuf

Gilles Boeuf, océanographe et spécialiste de biodiversité, est professeur émérite à Sorbonne Université et professeur consultant à AgroParisTech. Ancien président du Muséum national d'Histoire naturelle, il a été invité au Collège de France en 2013-2014 et conseiller scientifique pour la COP21. Il préside actuellement le CEEBIOS, dédié au biomimétisme, et est élu Conseiller Régional en Nouvelle-Aquitaine pour le programme One Health. En 2012, il a reçu la Grande Médaille Albert 1er de Monaco pour sa carrière dédiée aux océans.

—

Références

1. Collectif, Plateforme Océan & Climat, 2019. Fiches scientifiques. [En ligne], Paris, Agence française pour la biodiversité, Agence française de développement, ministère de la Transition écologique et solidaire. https://ocean-climate.org/presentation-des-fiches-scientifiques-ocean-et-climat/
2. GIEC, 2019. Special report on the ocean and cryosphere in a changing climate, approuvé le 24 septembre 2019. Disponible en ligne : https://www.unep.org/fr/resources/rapport/rapport-special-du-giec-sur-les-oceans-et-la-cryosphere-dans-le-contexte-du.
3. *Tara Océans*, 2015. (dir.), 5 papers, *A world of plankton*, Science, numéro spécial, 22 mai 2015.
4. Witbooi, E. et al., 2020. *Organized crime in the fisheries sector threatens a sustainable ocean economy*, *Nature*, n° 588, p. 48-56.
5. Boeuf, G., 2024. *La biodiversité, de l'océan à la cité.* Collège de France, Paris, 88 p.
6. De Duve, C., 1996. *Poussière de Vie, une histoire du vivant*, Fayard, Paris, 288 pages.
7. Boeuf, G., 2007. *Océan et recherche biomédicale*, *Journal de la Société de Biologie*, vol. 201, n° 1, p. 5-12.
8. Boeuf, G., et Kornprobst, J.-M., 2009. *Biodiversité et chimiodiversité marines*, Biofutur, n° 301, p. 28-32.
9. Boeuf, G., 2011. *Marine biodiversity characteristics*, *Comptes Rendus Biologies*, vol. 334, n° 5-6, p. 435-440.
10. Fenical, W. et al., 1999. *Marine-derived pharmaceuticals and related bioactive agents.* In *National Research Council (US)*, *Committee on the Ocean's Role in Human Health*, *From Monsoons to Microbes: Understanding the Ocean's Role in Human Health*, Washington (DC), National Academy Press, 1999, p. 1-82.
11. CEEBIOS, 2020. *Biomimétisme marin : Rapport de synthèse.* Disponible en ligne : https://ceebios.com/wp-content/uploads/2020/02/Synthese-BiomimMarin-20200213-web.pdf
12. FAO, 2024. *The State of World Fisheries and Aquaculture 2022 – Blue Transformation in action.* Rome. https://doi.org/10.4060/cd0683en
13. FAO, 2025. *Fishery and Aquaculture Yearbook: Statistics in 2022.* Rome. https://doi.org/10.4060/cd4
14. Poloczanska, A., Brown, C., Sydeman, W. S., et al., 2013. *Global imprint of climate change on marine life*, *Nature Climate Change.* https://www.researchgate.net/publication/256426448_Global_imprint_of_climate_change_on_marine_life
15. Caesar, L. et al., 2021. Current Atlantic Meridional overturning circulation weakest in last millennium. *Nature Geoscience*, 14, 118-120.

Les cinq portes magiques

Je suis entrée dans l'océan par la mer Méditerranée...
On décrit souvent cette mer comme un océan miniature, reliée à l'Atlantique par le détroit de Gibraltar. Ce passage étroit est un point de rencontre où les eaux se croisent. Poussée par les courants de surface, l'eau atlantique, plus fraîche et moins salée, s'y infiltre. De là, elle entame un long voyage: elle longe les côtes de l'Afrique du Nord, progresse d'ouest en est, puis remonte lentement vers le nord pour retourner à l'ouest. Après un siècle d'errance et de transformations, devenue plus chaude et plus salée, elle s'échappe discrètement en profondeur par ce même détroit. La circulation des eaux en Méditerranée est un modèle réduit de la circulation dans l'océan, une sorte de microcosme des grands cycles océaniques. Mais la Méditerranée est surtout une région qui se réchauffe à un rythme alarmant, bien plus rapide que la moyenne mondiale.

La température de la mer Méditerranée a augmenté d'environ 1,5 °C en surface depuis les années 1980, alors que l'ensemble de l'océan a connu une hausse d'environ + 1 °C. Plus inquiétant encore, le changement climatique entraîne une augmentation de la fréquence et de l'intensité des vagues de chaleur marine, ces poussées de fièvre qui durent plusieurs semaines et atteignent des records de + 3 à + 4 °C au-dessus des normales.

Les nombreuses calanques autour de Marseille sont autant de portes vers la Grande Bleue. © Photo de Maryam F. sur Unsplash

On les surnomme les « incendies sous-marins » en raison de leurs effets dévastateurs : événements de mortalité massive, destruction d'habitats sur des milliers de kilomètres de côtes, jusqu'à 50 mètres de profondeur. D'ici la fin du siècle, selon les scénarios d'émissions de gaz à effet de serre, la température moyenne de la Méditerranée pourrait atteindre + 2 à + 4 °C, entraînant des bouleversements profonds dans les écosystèmes. Les stocks de poissons commerciaux, déjà fragilisés, diminueraient, tandis que des espèces exotiques mieux adaptées à ces nouvelles conditions, coloniseraient ces eaux.

2100 : l'horizon que scrutent les scientifiques pour évaluer l'évolution du changement climatique

Le Groupe d'experts intergouvernemental sur l'évolution du climat (GIEC) a été créé en 1988 pour répondre à ce défi. Sa mission ? Fournir « des évaluations détaillées de l'état des connaissances scientifiques, techniques et socio-économiques sur les changements climatiques, leurs causes, leurs répercussions potentielles et les stratégies d'adaptation et d'atténuation ». Depuis, à intervalles réguliers, ses rapports de synthèse offrent un état des lieux toujours plus précis, mais aussi de plus en plus alarmant.

Ces rapports projettent les conditions climatiques à l'horizon 2100, selon différents scénarios. Ils explorent le pire des cas – si les émissions de gaz à effet de serre continuent au rythme actuel – et le meilleur des cas, où la trajectoire de réduction fixée par l'Accord de Paris est respectée, ainsi que plusieurs scénarios intermédiaires. Ces scénarios, cependant, ne sont pas de simples prévisions ; ils reposent sur des choix humains et politiques. L'avenir dépend des choix que nous faisons dès aujourd'hui : entre la poursuite de l'exploitation des énergies fossiles, qui accélère le dérèglement climatique, et la transformation de nos sociétés pour en limiter les effets, chaque action compte. Mais même une réduction immédiate et drastique des émissions ne suffira pas à éviter certains impacts déjà enclenchés. Cette inertie du système climatique rend l'adaptation tout aussi indispensable que l'atténuation.

Les rapports du GIEC sont devenus de plus en plus précis. Ils ont certifié que l'élévation de la température de l'océan, l'intensification des phénomènes extrêmes – canicules marines, cyclones – et la montée du niveau de la mer sont aujourd'hui des réalités mesurables. Ces constats valident les tendances identifiées dès les premiers rapports.

Nous avons été les témoins directs, en première ligne, des dérèglements de l'océan

Lorsque j'ai commencé à travailler sur l'océan et le climat, le premier rapport du GIEC venait d'être publié. Il alertait déjà sur le réchauffement causé par les émissions humaines de gaz à effet de serre et soulignait l'urgence d'agir pour limiter ses conséquences. Ces effets, pourtant déjà enclenchés, semblaient alors abstraits, lointains, presque théoriques. Le changement climatique appartenait encore au futur.

Avec les années, alors que nous développions de nouveaux outils pour observer et comprendre l'océan, ce futur s'est imposé. Ses manifestations sont devenues multiples, inscrites dans chaque mesure, chaque observation que nous faisions : élévation de la température et du niveau de la mer, acidification des eaux, perte d'oxygène, modification des courants et bouleversements des écosystèmes. L'océan que nous scrutons se révèle de moins en moins habitable, forçant les espèces marines à migrer ou à s'adapter au risque de disparaître. Ce que nous avions longtemps anticipé est désormais visible, tangible, indéniable. Nous en sommes devenus les témoins directs, en première ligne, que ce soit dans les tropiques ou dans les zones polaires, en surface comme dans les profondeurs.

Aujourd'hui, grâce à plusieurs décennies de recherche et à l'agrégation d'observations réalisées par des milliers de scientifiques à travers le monde, deux chiffres sont devenus incontournables lorsqu'on évoque les liens entre l'océan et le climat : 91 % et 25 %. Ces deux valeurs illustrent le rôle fondamental de l'océan comme bouclier naturel face aux pires effets du changement climatique.

91 %, c'est la part de l'excédent de chaleur lié à nos émissions de gaz à effet de serre que l'océan a absorbé. Cette capacité exceptionnelle d'absorption s'explique par les propriétés physiques de l'eau : sa chaleur spécifique et sa densité sont bien supérieures à celles de l'air. Ainsi, à élévation de température équivalente, un mètre cube d'eau peut stocker 3 470 fois plus de chaleur qu'un mètre cube d'air. Sans ce rôle de régulation océanique, l'ampleur du réchauffement terrestre serait bien plus extrême : aujourd'hui, seule une fraction de cette énergie est stockée dans l'atmosphère (1 %), les continents (5 %) et la fonte des glaces (3 %).

25 %, c'est la proportion du dioxyde de carbone (CO_2) issu de la combustion des énergies fossiles que l'océan a captée. Ce gaz, l'un des principaux responsables de l'effet de serre, est absorbé en parallèle par la biosphère terrestre (environ 30 %), notamment par les forêts et les sols. Cela signifie que 45 % du CO_2 que nous rejetons s'accumule dans l'atmosphère, amplifiant l'effet de serre et le réchauffement global. Sans l'océan, ce processus serait encore plus rapide et incontrôlable.

Grâce à ces deux mécanismes, l'océan nous a offert un répit. Mais cette protection a un prix : l'accumulation de chaleur réchauffe les eaux, perturbant la dynamique des courants et des écosystèmes. Par ailleurs, l'absorption du CO_2 acidifie les eaux, fragilisant la vie marine. L'océan, cet allié longtemps silencieux, dévoile aujourd'hui les symptômes de ses dérèglements.

Revenons à la Méditerranée…

Au large de Marseille, chaque printemps, le phytoplancton – organismes invisibles à l'œil nu mais qu'on observe depuis l'espace – pullule et s'agence en volutes et en spirales s'enroulant sur des centaines de kilomètres. Il apparaît sur les photos satellites comme des traînées de couleurs allant du bleu au vert, évoquant certains ciels de Van Gogh. Je tentai de comprendre cette prolifération rapide, son agencement artistique et son impact sur le climat. Je saisis vite qu'il me fallait remonter à la source, à ce phénomène clé de la dynamique de l'océan, de la régulation du climat, du maintien de la vie : le mélange vertical des eaux. Ce processus redistribue la chaleur, le dioxyde de carbone, l'oxygène et les éléments nutritifs de la surface jusqu'au fond. Chaque hiver, dans le golfe du Lion, un puissant brassage naturel s'opère.

Tout commence avec le mistral, ce vent du Nord qui s'engouffre dans la vallée du Rhône entre le Massif central et les Alpes, et la tramontane, qui souffle dans la vallée de l'Aude entre la Montagne Noire et les Pyrénées. En balayant la Méditerranée, ces vents glacés refroidissent intensément la surface de la mer. L'eau salée, en se refroidissant, devient plus dense et finit par plonger, entraînant ce brassage spectaculaire qui s'étend jusqu'à plus de 2000 mètres de profondeur ; un phénomène localisé mais d'une puissance colossale, et dont l'impact dépasse les frontières de la Méditerranée.

Cette région au cœur du golfe du Lion est l'une des cinq « portes magiques » de l'océan. Dans le jargon scientifique, on parle de « zones de formation d'eaux profondes », mais je préfère ce terme plus imagé. Une porte ? Oui, car en plongeant jusqu'aux abysses, l'eau entraîne avec elle la chaleur et le CO_2 accumulés en surface, les stockant loin de l'atmosphère pour des décennies, voire des siècles ; elle fait pénétrer l'oxygène, permettant aux espèces profondes de respirer. En retour, elle entraîne vers la surface des engrais nutritifs, favorisant le développement du phytoplancton au printemps et établissant ainsi les bases de toute la chaîne alimentaire et de la vie dans l'océan ! L'océan ne possède que cinq de ces portes d'entrée vers ses profondeurs extrêmes, par lesquels transitent une large part des 25 % de CO_2 et des 91 % d'excédent de chaleur mentionnés plus haut. Outre le golfe du Lion, elles se situent aux très hautes latitudes, là où les eaux sont très froides : dans l'Atlantique Nord (en mer du Groenland et en mer du Labrador), ainsi que dans l'océan Austral (en mer de Weddell et en mer de Ross). Ces rares régions jouent un rôle crucial dans le cycle global de l'océan, car c'est à travers elles que les eaux de surface s'enfoncent et alimentent ce que l'on appelle la circulation thermohaline, véritable système sanguin de la planète, régulateur du climat, qui transporte la chaleur, le carbone et les nutriments à travers l'ensemble de l'océan.

Mais aujourd'hui, ces portes se grippent

En Méditerranée, les chercheurs ont constaté que, plusieurs années de suite, le brassage, au lieu d'atteindre le fond, s'est arrêté à 500 mètres de profondeur, limitant ainsi la fertilisation de la région, l'oxygénation des eaux profondes, ainsi que la capture de chaleur et de CO_2. On voit aussi dans cette région les quantités de phytoplancton qui amorcent un léger déclin. Un phénomène similaire menace désormais les portes en Atlantique Nord. Le réchauffement climatique rend les eaux de surface plus chaudes, ce qui les rend moins aptes à plonger vers les profondeurs. Mais ce n'est pas tout : la fonte des glaces Arctiques, en apportant de grandes quantités d'eau douce, dilue le contenu en sel de l'océan. Or, une eau peu salée est moins dense et s'enfonce moins facilement. Ces effets se ressentent déjà sur le contenu en oxygène de l'océan, qui diminue peu à peu. Ce déséquilibre pourrait perturber l'ensemble de la circulation océanique.

Ce phénomène particulièrement inquiétant a conduit un groupe de spécialistes des courants océaniques à sonner l'alarme dans une lettre ouverte envoyée aux ministres des États riverains de la mer Arctique. Contrairement à certaines annonces médiatiques qui ont suivi, la fin imminente du Gulf Stream n'est pas à l'ordre du jour. Le Gulf Stream est un courant marin entraîné par les vents, qui participe au transport de chaleur vers le nord. Bien que des données récentes indiquent une légère déviation de sa trajectoire, il continuera de circuler tant que la Terre tournera. Mais il fait partie de ce système plus complexe, la circulation thermohaline évoquée plus haut, qui implique la plongée des eaux au Nord de l'Atlantique et leur retour vers le sud en profondeur. Le ralentissement de ce système atlantique, au cœur de nombreuses projections climatiques, mais encore difficile à déceler, provoquerait des modifications majeures de la répartition de la chaleur sur la planète. Son arrêt total, avec des conséquences telles qu'un hiver polaire en Europe, n'est pas à l'ordre du jour mais ne peut être exclu à plus long terme. L'océan Austral pourrait, en partie, compenser cet affaiblissement grâce à ses vents puissants qui favorisent la remontée des eaux profondes. Mais cette compensation suffira-t-elle face à l'accélération des changements en cours ?

L'océan change, et avec lui, tout ce que nous pensions immuable

Longtemps, l'océan nous est apparu comme un tampon inépuisable, capable d'absorber et de réguler le climat. Mais aujourd'hui, il montre ses limites. Ses grands mécanismes d'échange vacillent. Et avec eux, c'est tout un système qui s'adapte, qui résiste ou qui cède. À mesure que je l'étudiais sous tous ces angles et que je lisais les travaux, de plus en plus nombreux, d'autres scientifiques, j'ai constaté le dérèglement de ses cycles. Des eaux qui plongeaient autrefois vers les abysses s'arrêtent en chemin, des courants dévient, des températures s'élèvent, des équilibres se fragilisent. J'ai vu, en somme, l'océan changer sous mes yeux, à travers l'écran de mon ordinateur où les données se dessinaient.

Être témoin de ces bouleversements est à la fois sidérant et vertigineux, parfois stimulant – car comprendre, c'est déjà agir – mais aussi terrifiant. Si l'océan change, c'est un signe que nous entrons dans un futur où tout, y compris ce qui nous semblait le plus stable, devient incertain.

Je ne sais pas exactement ce que l'océan nous réserve, ni jusqu'où il continuera à nous protéger. Mais j'ai vu ces changements de mes propres yeux, et il est crucial pour moi de transmettre ce que nous avons appris. Témoigner, informer, alerter : c'est une part essentielle de l'action. Ce que nous savons avec certitude, c'est que réduire drastiquement nos émissions de gaz à effet de serre est la clé pour limiter ces dérèglements. Protéger les écosystèmes marins, restaurer les habitats côtiers, favoriser les énergies renouvelables, y compris celles offertes par l'océan lui-même – sont autant de leviers à notre portée qu'il nous faut saisir avec urgence.

Les choix d'aujourd'hui façonneront l'océan de demain. Il nous a offert un équilibre climatique propice au développement de nos civilisations pendant des millénaires. Aujourd'hui, nous en mesurons la fragilité.

Marina Lévy

Marina Lévy est une océanographe française, directrice de recherche au CNRS, conseillère pour l'océan auprès de la présidente de l'IRD et « influenceuse beauté » de l'océan. Experte reconnue internationalement du rôle de l'océan dans le système climatique et la biodiversité, elle travaille au Laboratoire d'océanographie et du climat de l'institut Pierre Simon Laplace à Paris. Ancienne élève de l'École polytechnique, elle est médaillée de bronze du CNRS. Conférencière engagée, elle sensibilise sur les défis liés à la préservation de l'océan.

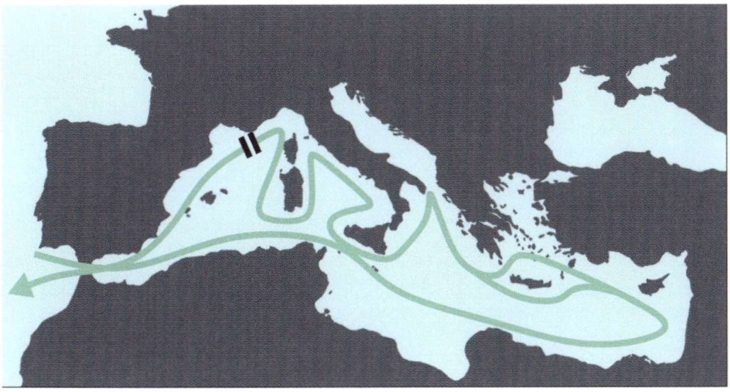

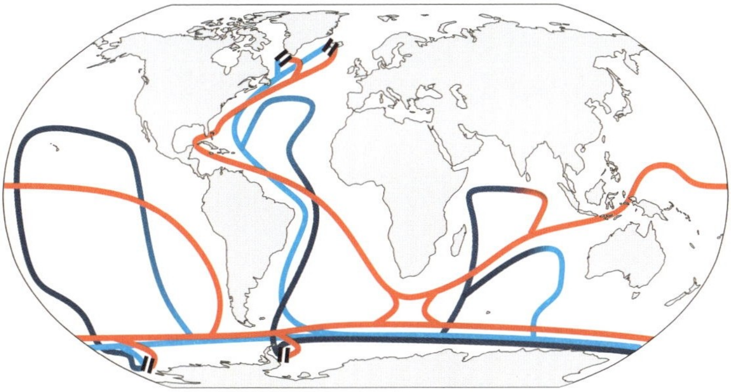

Les cinq portes magiques (indiquée par le symbole ||) le long des principales voies de circulation des eaux dans l'Océan global et dans la mer Méditerranée.

Chapitre 2

• • •

L'OCÉAN ET SES ENJEUX ÉCOLOGIQUES ET SOCIÉTAUX

Dynamiques de l'océan et aléas littoraux

Au contact de l'océan et des terres, le littoral se construit comme un espace complexe aux limites floues et fluctuantes dans le temps et l'espace. Plus qu'un simple «trait de côte», il englobe le domaine marin, l'estran (zone de balancement des marées) et une frange continentale.

Le littoral est l'interface entre la lithosphère, l'océanosphère et l'atmosphère, en perpétuelle interaction. La lithosphère détermine l'influence continentale qui se traduit par la résistance des roches et l'altitude des reliefs côtiers. Ces derniers, au contact de la mer, donnent naissance aux falaises. L'océanosphère détermine la position du rivage par l'action des vagues, des marées et des courants, ou des variations du niveau de la mer, tandis que l'atmosphère, par le vent, les températures et les précipitations, intensifie les processus d'érosion. Ces interactions, associées au contact entre eau douce et salée, confèrent au littoral une dynamique unique et une richesse écologique et paysagère exceptionnelle.

Toutefois, cette richesse attire convoitises et aménagements, justifiant souvent la mise en place d'ouvrages de protection coûteux et perturbateurs des équilibres naturels. La littoralisation, ou urbanisation croissante des rivages, augmente la pression foncière, économique et sociale sur ces zones, exacerbant les tensions entre développement humain et préservation environnementale, entre politique «de défense contre la mer», ou repli des populations. Face au changement climatique, qui va exacerber les problèmes, la connaissance – et sa diffusion – doit éclairer les débats pour transformer les contraintes en projet désirable pour le plus grand nombre.

Le littoral: différentes formes et dynamiques variées

Les littoraux se divisent en deux grandes catégories. D'une part, **les côtes d'ablation**, qui regroupent les falaises et côtes rocheuses, couvrent 50 % à 70 % des rivages mondiaux. Par définition, ces formes reculent inexorablement, sauf dans le cas des falaises volcaniques, qui progressent grâce à l'arrivée de coulées de lave. Ce retrait est conditionné par la résistance des roches et par des facteurs comme l'intensité de l'agitation marine et les conditions climatiques.

A B C

Types de falaises aux vitesses de recul variées: falaises de craie à Criel, Seine-Maritime (A), argileuses aux Vaches noires, Calvados (B), et de micaschistes et gneiss au Conquet, Finistère (C). © Stéphane Costa

Ainsi, les falaises formées de matériaux résistants, comme le granite (Pointe du Raz, Perros-Guirec ou Flamanville), ou les roches métamorphiques (massif des Maures, de l'Estérel, côte occidentale de la Corse) connaissent un recul limité, mesuré en millimètres ou centimètres par an. À l'inverse, celles constituées de roches plus tendres, comme les craies (Étretat, Le Tréport, Cap Blanc Nez), ou les calcaires gréseux (pointe de la Payré, falaise d'Hendaye), subissent des retraits de plusieurs centimètres, voire de dizaines de centimètres annuellement. Enfin, les falaises composées de matériaux meubles, comme les argiles (Falaises des Vaches Noires, en Normandie), reculent de plusieurs mètres, parfois jusqu'à plusieurs dizaines de mètres par an. Ce recul produit des débris rocheux qui alimentent les plages voisines, augmentant leur volume. Cette relation étroite entre falaises et plages illustre les interactions constantes entre les formes littorales.

La variabilité naturelle de la position du littoral s'exprime comme une respiration : érosion hivernale et reconstruction estivale. Mais cette dynamique fragile dépend de l'espace disponible.

Les littoraux d'accumulation forment le second grand type de côte. Cette catégorie englobe les plages – dépôts temporaires de sédiments allant des vases aux blocs –, les dunes, les embouchures fluviales (estuaires, deltas, marais maritimes, mangroves), les lagunes et les récifs coralliens (construction algale).

Contrairement aux falaises, plages et dunes peuvent, de manière naturelle et alternée, connaître des phases d'érosion et d'accumulation, et ce, à diverses échelles de temps : les cycles peuvent être courts (tempêtes, saisons) ou beaucoup plus longs (échelle géologique des variations du niveau de la mer). Leur position et leur forme résultent d'un équilibre permanent entre trois facteurs : le volume des sédiments disponibles, le niveau marin et les conditions d'agitation des eaux, qui transportent les sédiments latéralement et/ou perpendiculairement au rivage.

Ainsi, saisonnièrement, lors des tempêtes hivernales, l'érosion domine et le rivage recule, tandis qu'en période de calme, le système se reconstruit, les plages et dunes retrouvant leur forme initiale. Ce processus est parfois comparé à une « respiration des formes ». Toutefois, pour que cet ajustement puisse s'opérer, il est essentiel de préserver un espace suffisant en haut de plage.

Restreindre cet espace vital compromet l'équilibre naturel du littoral, diminuant sa capacité à résister aux forces océaniques.

Il est important de distinguer cette variabilité saisonnière des tendances évolutives à long terme, qui sont majoritairement régressives à l'échelle mondiale. À cette échelle, la première cause de ce retrait est naturelle : l'épuisement des stocks sédimentaires hérités de la dernière transgression marine. Lors de la dernière grande glaciation, il y a environ 20000 ans (période WÜRM), le niveau de la mer était de 120 à 130 mètres plus bas qu'aujourd'hui. Le réchauffement climatique qui a suivi a provoqué une montée progressive des eaux (transgression). En remontant, la mer a transporté et redistribué d'importants volumes de sédiments, les poussant vers l'intérieur des terres et les déposant il y a 5000 à 6000 ans, au niveau actuel des côtes. Depuis lors, l'absence de nouveaux apports sédimentaires, tant marins que continentaux, explique l'épuisement progressif de ce stock initial, à l'origine des phénomènes d'érosion observés à l'échelle planétaire.

À cette cause naturelle s'ajoutent, plus récemment et localement, des actions humaines – extraction et modification du cheminement des sédiments – perturbant l'équilibre du littoral.

Le littoral doit donc être perçu comme un système complexe, où les formes et les processus marins sont intimement liés. Les littoraux, par leur fragilité et leur mobilité intrinsèque, sont d'une extrême sensibilité. Pourtant, leur appropriation croissante par les populations humaines perturbe profondément leur fonctionnement naturel, aggravant les risques pour les sociétés, notamment face aux aléas souvent combinés que constituent l'érosion et la submersion.

Une appropriation croissante du littoral : la littoralisation

Aujourd'hui, plus de 600 millions de personnes dans le monde vivent à moins de 10 mètres d'altitude le long des rivages, un chiffre qui pourrait atteindre un milliard d'ici à 2060, en raison de l'attractivité des littoraux et de l'expansion des mégalopoles portuaires. En France métropolitaine, la densité de population sur le littoral est 2,4 fois supérieure à la moyenne nationale, illustrant la pression croissante sur ces espaces. Cette appropriation, ou littoralisation, s'est construite en trois grandes phases au fil de l'histoire.

La conquête du littoral, entre attractivité et vulnérabilité.

La première phase, entre le XIIe et le XVIIIe siècle, a été marquée par des politiques de poldérisation et d'endiguement. Ces projets visaient à assécher et drainer les zones humides, comme les marais des Flandres ou du Languedoc, à des fins agricoles et sanitaires. Ces aménagements ont repoussé les limites de la terre sur la mer, transformant des espaces inhospitaliers en terres cultivables.

La deuxième phase, de 1650 à 1850, a vu la militarisation des côtes. Grandes villes fortifiées et ports arsenaux, tels que Toulon, Brest ou Rochefort, ont émergé pour défendre le territoire et soutenir les ambitions maritimes. Déjà, les ingénieurs peinaient à contenir les assauts de la mer, comme l'écrivait en 1885 l'ingénieur en chef des Ponts et Chaussées de Normandie : « Comment lutter contre un ennemi qui ne cesse depuis plusieurs siècles d'être en guerre contre nous ? » Les écrits de l'époque appelaient également à une solidarité nationale pour financer des ouvrages capables de protéger les côtes.

La troisième phase, amorcée au XIXe siècle et toujours en cours, est marquée par le développement des villes-ports et l'essor du tourisme balnéaire. Les côtes voient fleurir des stations balnéaires et infrastructures visant à se rapprocher toujours plus de la mer. Mais cette quête ignore les dynamiques naturelles du littoral, rendant vulnérables les aménagements face à l'érosion et aux submersions marines. Ces menaces ont conduit à la construction d'ouvrages de protection «en dur», longtemps considérés comme des solutions efficaces. Parallèlement, des outils réglementaires ont été instaurés pour encadrer la gestion de ces espaces convoités.

L'appropriation parfois inconsidérée du rivage a donc jeté les bases de la vulnérabilité côtière actuelle, soulevant la question d'une gestion durable de ces espaces en tension, notamment dans le cadre du changement climatique.

Une urbanisation rattrapée par les aléas côtiers

Les populations côtières, leurs biens et leurs activités subissent de plus en plus les effets des aléas côtiers, principalement l'érosion et la submersion. Aujourd'hui, près de 70 % des plages dans le monde sont en érosion. En France, selon le CEREMA (2015), 22 % du linéaire côtier est affecté par le recul du littoral. Si l'on inclut les secteurs protégés par des ouvrages de défense contre la mer – qui témoignent souvent de problèmes d'érosion ou de submersion déjà existants –, cette proportion grimpe à près de la moitié du littoral français.

Le fonctionnement passé des littoraux à l'échelle géologique nous offre des indices sur leur évolution future. Dans le contexte actuel de réchauffement climatique et d'élévation du niveau de la mer – qui pourrait atteindre ou dépasser un mètre d'ici à 2100 et près de deux mètres en 2150 –, le rivage devrait à nouveau se déplacer vers l'intérieur des terres, entraînant une translation généralisée. Cette évolution pose des questions cruciales pour les sociétés:

- À quelle vitesse ce phénomène se produira-t-il?
- Où se situera le littoral dans quelques décennies?
- Combien de temps reste-t-il avant que les populations, leurs activités et leurs infrastructures situées en bord de mer ne doivent être déplacées?

Malgré ces incertitudes, et en dépit des aléas actuels et futurs, la pression de la construction sur les littoraux ne faiblit pas. Au contraire, elle continue de croître. L'attractivité économique et touristique des zones côtières engendre des valeurs immobilières considérables, qui incitent les populations à demander des financements publics pour protéger leurs biens et leurs activités. Ces demandes, bien que compréhensibles, alimentent un cercle vicieux où l'artificialisation des côtes renforce leur vulnérabilité.

Des politiques de défense contre la mer: entre rigidité et impacts dommageables

Les sédiments, en particulier ceux des plages et des dunes, constituent un tampon naturel essentiel contre l'assaut des houles. Pourtant, leur déficit, désormais chronique, reste une cause majeure d'érosion et d'inondations par la mer. Depuis plusieurs siècles, et surtout depuis le XIXe, l'anthropisation du littoral a profondément perturbé le volume et le cheminement des sédiments, et donc les ajustements naturels entre les formes côtières et les processus météo-marins.

Les extractions massives de sédiments, bien qu'arrêtées en France dans les années 1970, ont causé des déséquilibres durables, réduisant l'efficacité protectrice des formes d'accumulation. Selon le ministère de la Transition écologique, le phénomène de submersion marine menacerait aujourd'hui 1,5 million de personnes en France. Dans certains pays sans réglementation stricte, ces pratiques se poursuivent, accentuant la pénurie. Ces stocks, déjà hérités et non renouvelés, devraient pourtant être gérés durablement.

Face à ces aléas, les politiques de défense contre la mer ont souvent privilégié des solutions rigides issues du génie civil. Parmi les principaux ouvrages figurent les structures transversales, comme les épis, disposés perpendiculairement au rivage. Ces épis permettent une accumulation de sédiments là où ils sont

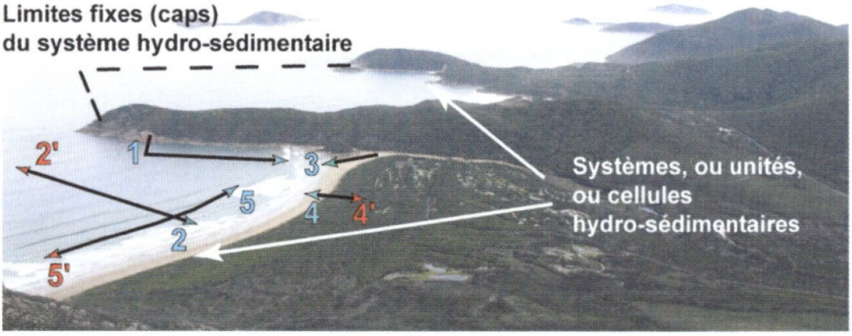

APPORTS EN SÉDIMENTS
1. Érosion des falaises
2. Apports des petits fonds
3. Apports des cours d'eau
4. Apports des vents de terre
5. Apports de la dérive littorale

PERTES EN SÉDIMENTS
2' Départs vers les petits fonds
4' Départs induits par les vents de mer
5' Départs induits par la dérive littorale

Exemple de cellule hydro-sédimentaire délimitée par des caps et établissement du bilan sédimentaire dans cette dernière: le bilan est positif (peu ou pas d'érosion), ou négatif (érosion et submersion très probables). © Stéphane Costa

implantés, mais en aval-dérive, les sédiments viennent à manquer, aggravant les problèmes d'érosion et de submersion pour les rivages voisins. Ces limites soulignent que le littoral ne peut être géré à l'échelle des seules frontières administratives.

Pour remédier à ce problème, une gestion intégrée basée sur le concept de cellule hydro-sédimentaire est nécessaire. Ce concept identifie des compartiments littoraux autonomes en termes de transport sédimentaire, souvent délimités par des caps ou des jetées portuaires. À l'intérieur d'une cellule, les échanges sédimentaires intertidaux sont circonscrits. Une gestion à cette échelle coordonne mieux les décisions et encourage une solidarité nécessaire entre collectivités afin de réduire les impacts.

En Seine-Maritime, le transport des galets de silex, sous l'effet des houles dominantes d'ouest, s'étendait autrefois sur une cellule de 100 km, entre le cap d'Antifer et la baie de Somme. L'installation de jetées portuaires dès le XIXe siècle (Fécamp, Saint-Valery-en-Caux, Dieppe, Le Tréport) a perturbé cette dynamique. Les galets s'accumulent au pied des jetées, mais leur absence en aval accroît l'érosion et favorise les submersions marines. La jetée du Tréport, par exemple, a longtemps bloqué les galets, provoquant des désagréments à Mers-les-Bains. Depuis les années 2000, un plan de gestion collaboratif entre les deux communes a réduit ces aléas.

Les ouvrages longitudinaux, parallèles au rivage, constituent un autre type de défense problématique. Leur objectif est de fixer le trait de côte, mais lorsque les vagues les frappent, le volume de sédiments de la plage se réduit considérablement, favorisant le franchissement des vagues au-dessus de l'ouvrage et accélérant l'usure des structures.

Ces ouvrages « durs » engendrent une « triple peine » pour les collectivités : un coût financier élevé pour leur construction et entretien, la disparition des plages protectrices, et donc la perte de l'attractivité touristique et économique des territoires.

B1 B2

Accumulation de sédiments contre une jetée à Cap Breton, Landes (B). Évolution du volume de plage induit par un ouvrage longitudinal. Plage volumineuse avant tempête (B1), et en érosion après tempête (B2) à Étretat, Seine Maritime. © Stéphane Costa

Pour ces raisons, les scientifiques préconisent des solutions fondées sur la nature : préserver et restaurer les écosystèmes côtiers, désartificialiser les rivages, rétablir la libre circulation des sédiments et protéger la végétation dunaire, les herbiers marins ou les mangroves. Ces approches dites « souples » permettent aux littoraux de retrouver de l'espace et leur capacité d'ajustement face aux conditions météo-marines et au niveau marin.

En plus d'être plus résilientes, elles offrent des bénéfices paysagers et écologiques, tout en pouvant accueillir des activités économiques et de loisirs compatibles avec leur vocation, rendant également les territoires attractifs.

Face à l'inéluctable, préparer des territoires résilients devrait être une opportunité, non une contrainte.

De nombreux projets montrent les bienfaits de ces approches. Le programme «Adapto+», porté par le Conservatoire du Littoral, ou encore le projet «Réciprocité» en Martinique, illustrent comment restaurer les écosystèmes pour réduire les risques côtiers. Le Lido du Grand Travers, près de La Grande-Motte, est un exemple concret de réussite. Ces initiatives s'inscrivent également dans la philosophie de la Stratégie Nationale de Gestion Intégrée du Trait de Côte, qui promeut cette approche globale et durable.

Cependant, en matière de gestion, il est important de ne pas être dogmatique. Dans certains cas, les enjeux sont si élevés qu'ils peuvent justifier le recours à des ouvrages de défense. Toutefois, ces constructions doivent être envisagées comme des solutions temporaires. Leur mise en place doit s'accompagner d'un discours clair et d'un engagement fort des décideurs pour organiser à terme le repli des personnes, des biens et des activités.

Le changement climatique impose d'agir dès maintenant pour anticiper des évolutions inévitables. Ce temps gagné doit être mis à profit pour préparer des territoires résilients et adaptés, car la nature, inéluctablement, imposera un déplacement aujourd'hui non accepté. Il ne s'agit pas de créer un no man's land sur le littoral, mais nous ne pourrons plus y vivre et en vivre de la même façon, ni au même endroit.

Littoral et changement climatique : repenser l'avenir entre adaptation et solidarité

Le contact terre-mer est, par essence, évolutif et non linéaire dans le temps et l'espace. Le rapprochement inconsidéré des populations, de leurs biens et de leurs activités avec la mer est à l'origine de nombreuses difficultés de gestion. Depuis plusieurs siècles, les populations côtières ont payé un lourd tribut face à l'érosion et aux inondations. Avec le réchauffement climatique et l'élévation du niveau marin en cours (sans oublier la hausse des températures océaniques et l'acidification de l'eau), ces défis ne feront que s'intensifier.

Les impacts ne se limiteront pas au littoral. Avec la hausse du niveau marin, l'intrusion saline dans les nappes phréatiques, les difficultés d'écoulement fluvial accroissant les inondations à l'intérieur des terres entraîneront des conséquences globales : risques naturels, industriels, sanitaires et économiques combinés. Face à ces changements et à leurs conséquences sociétales, évitons le catastrophisme – car des solutions existent –, mais le pire serait le déni, l'attentisme ou l'indifférence.

Trois choix se profilent :

1. **Surdimensionner** les ouvrages de défense. Ce choix est illusoire, coûteux et perturbateur. De plus, ces derniers seront dépassés/détruits par l'évolution naturelle du littoral.

2. **Accepter** les dommages. Cela implique une gestion post-crise inefficace, conduisant à des relocalisations forcées et dans l'urgence.

3. **Recomposer le territoire**. Bien que complexe à mettre en œuvre – en raison des nombreuses difficultés –, cette option semble être la seule stratégie d'adaptation viable face à l'inexorable avancée de la mer.

La recomposition territoriale nécessite d'anticiper sans susciter de peurs, de définir de nouveaux zonages d'implantation, des phases de déplacement progressif des populations et des formes d'occupation adaptées, en concertation avec les acteurs concernés. Mais reste-t-il du foncier disponible et proche, notamment sans aléas ? Qui préemptera, et quand ? Qui paiera ?

Sur les littoraux, où les enjeux écologiques, techniques, sociaux, économiques, juridiques, financiers et, par conséquent, politiques se croisent, la solidarité territoriale devra être le maître mot, au-delà de l'anticipation, de la co-construction et de la maîtrise foncière.

Stéphane Costa

Stéphane Costa est Professeur de Géographie Physique à l'Université de Caen Normandie et Directeur Adjoint de l'unité mixte de recherche Identité et Différenciation de l'Espace, de l'Environnement et des Sociétés (UMR IDEES) du CNRS. Référent Scientifique au titre de la Stratégie Nationale de Gestion Intégrée du Trait de Côte et Membre du Conseil Scientifique du Conservatoire du Littoral.

S’engager pour la science de la mer, c’est garder un temps d’avance

Je suis née terrienne. Père bourguignon, mère lorraine, enfance citadine... à la différence de beaucoup de mes collègues, je n’ai pas beaucoup d’eau salée qui coule dans mes veines ! J’en tire d’ailleurs une certaine fierté, que je partage avec ceux qui m’interrogent : la mer est une envie qui appartient à toutes et tous. Pourquoi la mer m’a-t-elle touchée, moi, plus que d’autres autour de moi ? Sûrement, les vacances d’été en Bretagne et le Thalassa du vendredi soir ont façonné mon imaginaire. Je rêvais toujours de mer, dans ma petite chambre lyonnaise. Mon déclic est venu au lycée, en tombant par hasard sur une émission télévisée dans laquelle Isabelle Autissier était interviewée. Elle n’était pas encore navigatrice à part entière à l’époque, mais se présentait comme ingénieure halieute. J’avais quinze ans et je ne savais pas ce que ce drôle de mot voulait dire, mais il a résonné en moi. Ce jour-là, j’ai décidé que moi aussi, je serais halieute !

Depuis, Isabelle Autissier a changé de carrière, continuant à m’inspirer par ses exploits et ses livres, tandis que je suis restée dévouée à l’halieutique – la science en soutien d’une pêche durable. Après vingt ans de recherche à Copenhague, au Danemark, j’ai rejoint Nantes et l’Ifremer, l’institut français de recherche entièrement dédié aux sciences de l’océan, en 2019. Aujourd’hui, je coordonne l’expertise halieutique, c’est-à-dire le soutien scientifique en appui aux politiques publiques de la pêche, à l'interface avec les acteurs de la société. Et chaque jour, je continue d'en découvrir les facettes et les enjeux complexes. Gérer la pêche, c'est surtout un art. L'homme et la mer, la mer et l'homme: se nourrir sans détruire, prélever mais protéger... Comment trouver et maintenir ces équilibres difficiles entre nos besoins humains et ce que la mer peut nous donner sans qu'on l'abîme?

Pêcher sans détruire: une quête permanente

La pêche, sans contrôle, c'est un peu le Far West. Chacun pour soi aujourd'hui, et tant pis pour la ressource demain. Comme pour la chasse, le bois ou d'autres activités fondées sur le prélèvement de richesses vivantes sauvages, l'histoire ancienne ne manque pas d'exemples de surexploitation locale, même avec des moyens technologiques alors limités. Mais depuis cinquante ans, cette histoire s'accélère.

En 1992, je suis en classe prépa quand la morue disparaît presque totalement des eaux de Terre-Neuve, au Canada. Un moratoire interdit la pêche; il durera 30 ans. Et pourtant, elle était si abondante, cette ressource, que les anciens la croyaient infinie. Les hommes de John Cabot, l'explorateur, les attrapaient au panier! Pendant plusieurs siècles, elle a nourri l'humanité, changé son histoire[1]. Mais après la Seconde Guerre mondiale, la puissance des bateaux grandit, et les pouvoirs publics les y incitent: le besoin de production alimentaire est impérieux. La morue ne résistera pas à vingt ans de surpêche et de «guerre du poisson» entre les grandes nations de ce monde... La géopolitique n'est jamais loin puisqu'on a même appelé cette période la «cod war[2] de la cold war»!

1. Kurlansky. M. *Cod: a biography of the fish taht changed the world*, Penguin books (1998).
2. Cod (en anglais) = cabillaud = morue, en français deux appellations pour la même espèce *Gadus morhua* (voir photo page 80).

Quatre ans après, en 1996, je termine mes études d'ingénieure halieute et je pars pour six mois de stage à Terre-Neuve. Je vois et je vis toutes les conséquences écologiques, économiques, sociales et culturelles d'un poisson qui disparaît... Et son retour est lent, si lent. En 2024, trente ans de moratoire ont été officiellement levés, mais le quota annuel de 18000 tonnes paraît bien dérisoire comparé aux plus de 200000 tonnes par an à l'ère pré-industrielle, 600000 tonnes dans les années 1960, et un pic jusqu'à 1,4 million de tonnes juste avant l'effondrement (Figure 1).

Les villages canadiens, comme ceux de Saint Pierre-et-Miquelon, se désolent encore de leur passé glorieux. Mais trente ans après, l'envie de pêche est toujours là[3]. Est-ce que

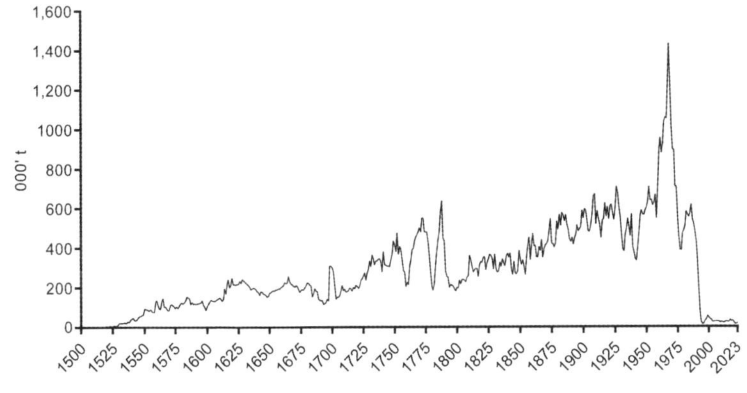

Figure 1: Reconstitution des captures totales de cabillaud dans les eaux autour de Terre-Neuve (sous-zones OPANO 2,3,4), 1508-2023. Source: Hayes et al., 2025[4]

3. https://theconversation.com/the-federal-government-has-lifted-the-moratorium-on-northern-cod-fishing-after-32-years-233522
4. Hayes, P., Holm, P., & Nicholls, J. (2025). 500 years of the once largest fishery in the world: A comprehensive catch reconstruction for the Newfoundland cod fishery (1508–2023). *Fisheries Research*, *285*, 107325. https://doi.org/10.1016/J.FISHRES.2025.107325

l'Histoire va se répéter? Cet effondrement nous rappelle cruellement que la première condition de la pêche durable, c'est l'absence de surpêche. Il faut toujours laisser du «capital poisson» dans la mer. Pas toujours de seconde chance pour une population sauvage: ce qui est détruit peut être définitivement perdu, et la restauration n'est jamais garantie.

Réagir en Europe: des défis et des progrès

Justement, jeune chercheure au début des années 2000, je m'installe au Danemark et c'est avec espoir que je vois l'Europe commencer à réagir pour ne pas en arriver au même désastre avec ses morues à elle, en mer du Nord, en mer Celtique... Après sa réforme de 2002, la Politique Commune de la Pêche (PCP) de l'Union européenne a changé de niveau d'ambition. Les pays se sont progressivement entendus pour mieux réguler et contrôler la pêche, en se projetant sur des objectifs de long terme même si cela la contraint à court terme. Le premier plan cabillaud est instauré en 2004, le second en 2008 pour combler les nombreuses exemptions permises initialement. Des baisses de quotas et d'effort de pêche pour sauver les poissons et, paradoxalement peut-être, ainsi assurer la continuité de l'activité les pêcheurs qui en vivent, dans un cadre partagé visant à réduire les conflits. Ne pas surpêcher les poissons, ni aujourd'hui ni demain, laisser suffisamment d'entre eux avoir la chance de devenir vieux et gros dans un océan propre et sain, c'est pour qu'ils nous nourrissent plus et plus longtemps que si nous raflons tout aujourd'hui. C'est le principe de base qui sous-tend nos avis scientifiques annuels sur les quotas de pêche.

La transition fut douloureuse dans chacun des pays européens, et à bien des égards, des questions économiques et sociales restent encore irrésolues. Mais on a vu aussi émerger des politiques innovantes pour «pêcher moins mais mieux», maintenir

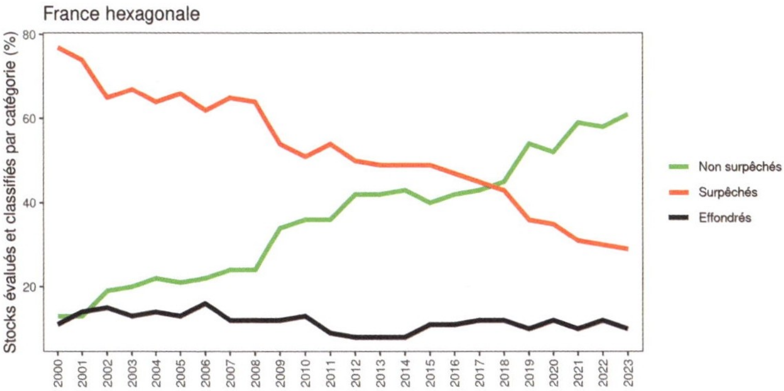

Figure 2: Pourcentage du nombre de populations exploitées en France hexagonale et suivies scientifiquement (environ 130 populations de 70 espèces différentes, représentant environ 80 % des débarquements totaux), selon leur statut de surpêche entre 2000 et 2023 (« effondré » = biomasse inférieure au seuil limite appelé Blim; surpêche = biomasse supérieure à Blim mais mortalité par pêche supérieure au seuil du rendement maximum durable F_{RMD}). Source Vermard et Ulrich (2025), voir ce rapport pour plus de détails sur ces estimations[5].

de la rentabilité malgré des quotas plus faibles. En particulier, j'ai pu contribuer à une expérimentation de plusieurs années, basée sur les incitations volontaires et la récompense de pratiques plus sélectives et mieux documentées (grâce à des caméras à bord), pour réduire les captures de juvéniles dans les pêcheries chalutières d'Europe du Nord.

Des progrès importants ont été obtenus : à la différence des tendances mondiales plutôt à la dégradation (FAO, 2024)[5] la surpêche baisse dans l'Union Européenne depuis deux décennies (Figure 2) et des biomasses remontent doucement. Merlu, plie, hareng... beaucoup de populations se portent un peu mieux aujourd'hui qu'en l'an 2000. Certes, beaucoup reste encore

5. FAO. 2024. *La Situation mondiale des pêches et de l'aquaculture 2024 – La transformation bleue en action*. Rome.https://doi.org/10.4060/cd0683fr
Vermard Y., Ulrich C. (2025). *Bilan 2024 du statut des ressources halieutiques débarquées par la pêche française hexagonale en 2023*. Ref. Rapport RBE/25-004. Ifremer. https://archimer.ifremer.fr/doc/00946/105772/

à faire et à maintenir[6], mais il est important et motivant de se rappeler que les efforts politiques concertés des deux dernières décennies ont porté des fruits. Ils ont permis d'inverser des tendances tout en maintenant de l'activité dans les ports et dans les flottes européennes.

Pendant toutes ces années, j'ai accompagné avec engagement cette transformation de la pêche européenne. J'ai fièrement porté la voix de la science, à Copenhague, à Bruxelles ou à Rome, auprès des pêcheurs comme des décideurs. Grâce à l'halieutique, j'ai senti, compris et aimé l'Europe. Et je m'amuse souvent à penser que la PCP est une vieille compagne de route de ma propre histoire, qui a façonné ma carrière scientifique et a été le point d'entrée de ma compréhension du monde. Nous sommes nées toutes les deux dans l'insouciance des années 1970, nous avons été immatures dans nos adolescences entre 1980 et 1990, optimistes pour l'avenir dans nos années adultes au tournant de l'an 2000... Mais aujourd'hui, nous avons toutes les deux l'expérience d'un demi-siècle et l'inquiétude grandissante devant un monde en pleine mutation.

Ci-contre
Le chalut de fond est un filet de forme conique remorqué ici par le chalutier étaplois de 23 mètres, *Le Précurseur*. Ces images ont été prises à l'occasion d'une campagne de pêche au large des côtes anglaises en Mer du Nord. Couramment utilisés par les pêcheurs professionnels qui pratiquent la pêche pour capturer des espèces vivant sur le fond ou à proximité du fond, ces chaluts sont aujourd'hui critiqués pour leurs impacts environnementaux. Les scientifiques travaillent à mieux comprendre, quantifier et réduire tous les types d'impacts de la pêche sur les écosystèmes, pour des systèmes alimentaires plus durables. Voir par exemple : https://www.ifremer.fr/fr/commentvontlespoissons2023 © Olivier Dugornay/Ifremer

6. Et il faut aussi reconnaitre que le seuil mondial définissant la « non surpêche », dénommé RMD (rendement maximum durable) représente encore un niveau de prélèvement élevé, peut-être encore trop pour une vraie durabilité.

Un nouvel effondrement: la mer Baltique en détresse écologique

J'ai en effet longtemps gardé un optimisme inébranlable quant à notre capacité européenne à relever ce défi de la pêche durable. Mais aujourd'hui, une nouvelle réalité s'impose. Cette réalité est en émergence depuis longtemps mais demeure encore trop invisible à nos yeux terrestres. Une autre morue nous alerte pourtant sur des nouveaux dangers, qui ne sont plus les mêmes que ceux des années 1980. Aussi emblématique pour les pays de l'Est que la morue de Terre-Neuve l'était pour ceux de l'Ouest, la morue de la mer Baltique connaît à son tour un déclin majeur depuis quelques années, plus progressif mais tout aussi dramatique.

Cette fois, ce n'est pas la surpêche qui est la première coupable, mais c'est tout l'environnement marin qui a basculé. La mer Baltique devient un désert inhabitable, irrespirable pour les organismes marins. L'eutrophisation et le changement climatique réduisent la quantité d'oxygène dissous, avec des effets en cascade délétères pour toute la vie marine. D'autres basculements écologiques s'y ajoutent et on parle aujourd'hui d'une population

Une morue de l'Atlantique (*Gadus morhua*). Dans la cuisine européenne, le «cabillaud» désigne le poisson frais ou surgelé alors que la «morue» est le poisson séché et salé.
© Lesbats Stephane/IFREMER

de morue en «détresse biologique», avec des poissons en mauvaise santé, qui ont du mal à grandir et à grossir. La mortalité naturelle y est désormais bien supérieure à celle imputable à la pêche, car il n'y a plus grand-chose à pêcher ni à manger sur ces poissons tout maigres... Plus de poissons, plus de pêcheurs, plus de consommateurs: c'est toute la société balte qui subit.

Scientifiques et gestionnaires en subissent aussi les conséquences, car ces basculements écologiques posent une multitude de nouvelles questions sans réponse simple. Les connaissances, largement fondées sur les observations et équilibres du passé, ont bien peu de recul face à ces changements nouveaux. Et les réponses politiques qui devraient y être apportées dépassent largement le cadre de la seule régulation de la pêche.

Les grands enjeux de demain: un océan en mutation

Cet effondrement climatique de la morue baltique est peut-être emblématique dans nos eaux européennes, mais les sources d'inquiétude sont partout[7]. Sardines maigrichonnes[8], larves de hareng affamées[9], maquereaux déplacés, juvéniles de soles en quête d'habitats préservés... Même les dauphins, au sommet de la chaîne alimentaire, sont affectés[10]. Les scientifiques essaient de comprendre tout cela[11]. Nos histoires de poissons commencent à faire l'actualité, et chacun prend progressivement conscience de la vulnérabilité écologique de ce qui était auparavant une évidence dans nos assiettes. L'océan se dégrade. Il devient chaque

7. https://www.Ifremer.fr/fr/actualites/scruter-le-recrutement-des-jeunes-poissons
8. https://www.ifremer.fr/fr/presse/baisse-de-taille-des-sardines-en-mediterranee-le-role-de-l-alimentation explique
9. https://www.ifremer.fr/fr/actualites/le-changement-climatique-influe-sur-la-survie-des-oeufs-et-des-larves-des-poissons
10. https://theconversation.com/que-sait-on-sur-les-captures-accidentelles-de-dauphins-dans-le-golfe-de-gascogne-et-pourquoi-est-il-si-difficile-de-les-eviter-223890
11. https://www.ifremer.fr/fr/actualites/quatre-especes-quatre-situations-differentes-quatre-reponses-aux-problematiques

jour moins sain et moins nourricier. Le secteur de la pêche, vieillissant, est de plus en plus fragilisé, et de nombreuses discussions portent déjà sur les possibles transitions et scénarios d'avenir. Ces débats englobent toute la complexité des enjeux énergétiques, d'approvisionnement et de consommation des produits de la mer, ainsi que de la planification spatiale des activités en mer. L'urgence est là.

En guise de conclusion: la science comme boussole

Ce que je vous raconte ici, c'est une version sectorielle de tout ce qui se joue en réalité partout. Ce qui est si passionnant dans l'halieutique, dans cette compréhension et cet accompagnement du secteur de la pêche, c'est que c'est un monde certes petit mais où tous les drames de l'humanité se retrouvent. Pour la science, c'est un laboratoire à ciel ouvert, un lieu où biologie, économie et politique se rencontrent.

Nous, les scientifiques, sommes là pour cela: pour discerner les changements à l'œuvre, pour les comprendre et pour les raconter avant qu'il ne soit trop tard. Pour garder un temps d'avance. Les efforts de politique publique peuvent porter leurs fruits en quelques années, le temps qu'un petit poisson devienne vieux. L'Europe a réussi à changer le cours de l'histoire il y a vingt ans pour que nos eaux ne se vident pas comme celles de Terre-Neuve. Aujourd'hui, les défis sont plus grands encore et nécessitent encore plus d'action publique concertée pour exploiter sans abîmer. La science est là pour accompagner ces efforts. Garder un temps d'avance, toujours.

Clara Ulrich

Chercheuse en halieutique et, depuis 2023, coordinatrice des expertises scientifiques sur les questions halieutiques (pêche) à Ifremer, en réponse aux saisines de l'État en interaction avec les acteurs du secteur de la pêche.

L'exploitation des grandes profondeurs de l'océan : une controverse qu'il nous faut résoudre

Un monde caché, méconnu mais essentiel

Les grands fonds marins, encore largement inexplorés, fascinent autant qu'ils interrogent. Sous leurs eaux sombres se cachent des écosystèmes uniques, essentiels pour l'équilibre écologique et riches en ressources prometteuses pour l'économie. Pourtant, ces profondeurs sont aujourd'hui au cœur de débats mondiaux, tiraillés entre la nécessité de les préserver et la tentation de les exploiter.

Pendant longtemps, les grands fonds étaient associés aux plaines abyssales : de vastes étendues stables, considérées comme monotones, mais abritant une grande diversité d'espèces. Tout a basculé avec la découverte, le long des dorsales océaniques, des sources hydrothermales. Ces milieux extrêmes – chauds, acides, anoxiques et saturés en sulfures métalliques – ne semblaient pas propices à la vie. Pourtant, des oasis foisonnantes y prospèrent, avec un nombre limité mais fascinant d'espèces, adaptées à ces conditions hostiles.

Même dans les ténèbres des abysses, la vie trouve un chemin.

L'océanographe Marie Tharp fut la première, en 1952, à cartographier une vallée dans l'axe des dorsales, confirmant l'existence d'une activité tectonique intense. Sa théorie, d'abord critiquée, fut corroborée par d'autres chercheurs en 1977 lorsqu'ils identifièrent ces vallées à l'axe des dorsales parsemés de «fumeurs noirs» – des cheminées crachant des fluides hydrothermaux riches en minéraux – et une explosion de vie à proximité. Ces «jardins d'Éden», peuplés de créatures inconnues, bouleversèrent notre compréhension des écosystèmes marins.

Première carte complète du fond océanique, cette œuvre pionnière de Marie Tharp a révélé l'existence de la dorsale médio-atlantique. Elle a été initialement publiée en 1976 par la Société géographique américaine en collaboration avec l'office de recherche de l'US Navy. © David Rumsey Map Collection, David Rumsey Map Center, Stanford Libraries

À 2500 mètres de profondeur, la lumière du soleil est absente et la matière organique rare. Pourtant, la vie s'y développe grâce à un processus original: la chimiosynthèse. Des micro-organismes, en symbiose avec des animaux, transforment la matière minérale en matière organique grâce à l'oxydation des sulfures hydrothermaux en matière organique. Cette découverte a ouvert une nouvelle ère dans la compréhension des mécanismes qui régissent les écosystèmes profonds.

Les grands fonds : un trésor biologique et géologique

Une biodiversité unique

Plongés dans l'obscurité à plusieurs milliers de mètres de profondeur, les grands fonds marins abritent une biodiversité fascinante. En l'absence de lumière, la vie s'y développe grâce à un processus appelé chimiosynthèse, qui transforme le carbone minéral en matière organique grâce à l'énergie issue de réactions chimiques. Ce phénomène, découvert dans les années 1980, a bouleversé notre compréhension des de la dynamique des écosystèmes profonds.

Autour de ces cheminées sous-marines, l'eau peut dépasser 300 °C et être chargée en minéraux. Pourtant, une vie foisonnante y prospère : crabes yétis couverts de bactéries, escargots aux pieds d'or, vers tubicoles géants ou encore palourdes gigantesques. Ces espèces, souvent endémiques, sont parfaitement adaptées à ces milieux extrêmes.

QU'EST-CE QUE LA CHIMIOSYNTHÈSE ?

Contrairement à la photosynthèse, qui utilise la lumière du soleil, la chimiosynthèse repose sur l'oxydation de composés chimiques comme l'hydrogène sulfuré pour produire de l'énergie. Ce processus permet aux associations symbiotiques de servir de base à toute la chaîne alimentaire des grands fonds.

Des ressources précieuses

Les grands fonds ne sont pas seulement un refuge de biodiversité : ils recèlent aussi des ressources géologiques stratégiques. On y trouve notamment des nodules polymétalliques, des encroûtements cobaltifères et des sulfures hydrothermaux.

Ces formations se présentent sous forme de galets ou de croûtes métalliques contenant du cobalt, du cuivre, du nickel, du manganèse ou encore des terres rares.

Les nodules polymétalliques, découverts dès les années 1870, tapissent les plaines abyssales. Les sulfures polymétalliques, quant à eux, se forment autour des sources hydrothermales. Enfin, les encroûtements de ferromanganèse, riches en cobalt, se trouvent sur les flancs des monts sous-marins. Ces trois types de gisements intéressent l'industrie pour leur rôle clé dans la transition énergétique, notamment dans la fabrication de batteries, d'éoliennes ou de véhicules électriques.

MÉTAUX CRITIQUES ET TRANSITION ÉNERGÉTIQUE – POURQUOI ÇA NOUS CONCERNE ?

Ces métaux sont indispensables pour développer les technologies bas-carbone. Or, leur approvisionnement est aujourd'hui concentré dans quelques pays. Explorer de nouvelles sources dans les grands fonds attire donc l'attention... mais soulève aussi de fortes inquiétudes environnementales.

Un patrimoine commun à protéger

L'exploitation de ces ressources est encadrée par un traité international : la Convention des Nations unies sur le droit de la mer (Montego Bay, 1982). Elle reconnaît le fond des océans – appelé « la Zone » – comme patrimoine commun de l'humanité. Nul État ni entreprise ne peut donc s'en approprier les ressources.

L'Autorité internationale des fonds marins (AIFM), placée sous l'égide des Nations unies, délivre les permis d'exploration dans cette zone et doit s'assurer que toute exploitation respecte des critères stricts de durabilité.

Mais les pressions s'intensifient. Certaines entreprises minières souhaitent accélérer l'entrée en phase d'exploitation, malgré les incertitudes scientifiques et juridiques. Le débat est vif: protéger un patrimoine exceptionnel ou répondre à la demande croissante de métaux? Une décision sur le cadre réglementaire est attendue d'ici fin 2025.

Les enjeux environnementaux: protéger l'inconnu

Des impacts potentiellement irréversibles

L'exploitation minière des grands fonds pourrait entraîner des conséquences écologiques majeures, encore mal évaluées. À mesure que se renforce la demande en métaux stratégiques pour la transition énergétique, des acteurs industriels plaident

Un monde inconnu, riche en biodiversité, encore largement inexploré. Préserver cet inconnu, c'est protéger l'avenir. © Francesco Ungaro/ Unsplash

pour le démarrage rapide d'une activité minière en eaux profondes. Mais les scientifiques alertent: cette industrie émergente, si elle devait voir le jour, risquerait de causer des dommages irréversibles à des milieux aussi fragiles que méconnus.

Les premiers effets concerneraient la destruction des habitats. Extraire des nodules polymétalliques dans les plaines abyssales nécessiterait de racler mécaniquement des zones immenses – des centaines de milliers de kilomètres carrés –, effaçant des écosystèmes uniques construits au fil de millions d'années. Dans les zones hydrothermales, c'est toute une faune endémique qui serait directement menacée, comme les escargots aux pieds d'or, dont plusieurs espèces figurent déjà sur la liste rouge de l'UICN. Les monts sous-marins, eux, abritent des coraux et des agrégations d'éponges vulnérables, ainsi que des zones de pêche vitales pour certaines communautés côtières.

On ne protège pas l'océan en le transformant en mine.

Les activités d'extraction génèreront également de vastes panaches de sédiments. Ces nuages chargés de particules fines et des métaux lourds peuvent se propager bien au-delà des zones exploitées, altérant la qualité de l'eau, asphyxiant les organismes filtreurs et perturbant la vie dans la colonne d'eau. Les conséquences pourraient se faire sentir sur des dizaines, voire des centaines de kilomètres autour des sites miniers.

À cela s'ajoutent des pollutions sonores inédites à ces profondeurs. Les tests acoustiques montrent que les niveaux de bruit générés par les engins miniers pourraient dépasser les seuils critiques pour les mammifères marins sur un rayon de 4 à 6 kilomètres. Or, les routes migratoires de nombreuses espèces – baleines, tortues, poissons pélagiques – croisent les zones d'exploration ciblées. L'ensemble du réseau écologique océanique pourrait en être affecté.

Une lenteur biologique incompatible avec l'industrie

Les grands fonds marins sont des milieux où tout est plus lent qu'ailleurs. Les espèces qui y vivent grandissent lentement, se reproduisent tardivement, et les cycles écologiques s'étendent sur des échelles de temps « plutôt » géologiques. Cela rend toute forme de perturbation particulièrement grave. Les premières études menées sur des zones test de chalutage ou d'extraction expérimentale montrent que les traces de l'activité humaine restent visibles pendant des décennies. Certaines fonctions écologiques risquent de mettre trop longtemps à se rétablir pour être compatibles avec un modèle industriel.

Les promoteurs de l'exploitation minière en eaux profondes avancent souvent l'argument d'une solution plus « propre » que l'extraction terrestre. Mais cette comparaison est trompeuse. Loin de remplacer les mines terrestres, l'exploitation des grands fonds viendrait s'y ajouter, créant un double fardeau environnemental. De plus, à la différence des activités minières à terre, soumises à des régulations nationales plus ou moins robustes, les règles encadrant l'industrie minière sous-marine restent à définir, dans un contexte de gouvernance encore incertain.

LES NODULES POLYMÉTALLIQUES – DES TRÉSORS À CROISSANCE MILLÉNAIRE

Les nodules polymétalliques se forment à la surface des sédiments abyssaux, lentement, très lentement : entre 1 et 10 millimètres par million d'années. Ces galets métalliques, convoités pour leur teneur en cobalt, nickel, manganèse ou cuivre, témoignent d'un équilibre fragile entre processus géologiques et biologiques. Leur extraction, en quelques mois ou années, détruirait un patrimoine formé sur des durées dépassant les temps humains.

Un patrimoine commun sous pression

Une gouvernance fondée sur le bien commun

Les grands fonds marins, situés au-delà des juridictions nationales, sont reconnus par la Convention des Nations unies sur le droit de la mer (CNUDM, 1982) comme un «patrimoine commun de l'humanité». Ce principe implique que leur usage doit se faire dans l'intérêt de tous, présents et à venir, et que les bénéfices de toute activité menée dans ces zones doivent être partagés de manière équitable entre les États.

Pour encadrer cette ambition, l'Autorité internationale des fonds marins (AIFM), créée par la CNUDM, est chargée de délivrer les permis d'exploration et de définir les règles d'une éventuelle exploitation minière. Mais depuis plusieurs années, ce cadre est mis à rude épreuve par des pressions croissantes, émanant notamment d'entreprises privées et de certains États, qui souhaitent accélérer l'accès aux ressources minérales des grands fonds, souvent au détriment du temps nécessaire à la connaissance scientifique, à la concertation et à la transparence.

La course aux ressources : entre incertitudes et tensions

Les métaux présents dans les grands fonds sont convoités pour leur rôle dans la transition énergétique et numérique. Mais l'argument économique reste fragile. Faute de rentabilité prouvée et de projections fiables, aucune grande entreprise minière ne s'est engagée dans une phase d'exploitation active. En réalité, les discours sur le potentiel économique reposent largement sur des anticipations spéculatives destinées à attirer des investissements et à sécuriser des contrats avant même que les règles ne soient établies.

Extraire sans savoir, décider sans partager : est-ce cela, le patrimoine commun de l'humanité ?

Les tensions ne sont pas seulement financières. Dans les zones côtières proches des futurs sites miniers, les communautés locales – notamment les pêcheurs – redoutent des pertes d'accès aux ressources marines, voire des atteintes à leur environnement de subsistance. Des peuples autochtones dénoncent une absence de consultation et demandent un moratoire sur l'exploitation minière en haute mer, pour préserver leur lien physique, culturel et spirituel à l'océan. En parallèle, plus de trois millions de citoyens et une soixantaine d'entreprises mondiales – dont Google, BMW, Renault ou Samsung – ont apporté leur soutien à l'appel pour une pause réglementaire globale.

De Montego Bay au traité BBNJ : la construction d'un droit global

La Convention de Montego Bay n'est pas le seul instrument juridique en jeu. D'autres accords internationaux, comme la Convention sur la Diversité Biologique ou le tout récent traité BBNJ (sur la biodiversité marine au-delà des juridictions nationales), viennent compléter le cadre de protection. Le traité BBNJ, adopté en 2023, vise à mieux préserver la biodiversité en haute mer, à partager équitablement les bénéfices issus des ressources marines génétiques, et à renforcer la coopération scientifique. Il représente une avancée importante dans la reconnaissance d'un océan global, interconnecté, où les impacts générés dans une zone peuvent se propager bien au-delà des frontières.

Cependant, ces accords peinent encore à s'articuler entre eux. L'AIFM, dont le mandat est limité aux minéraux des fonds marins, n'intègre pas toujours les dimensions écologiques, humaines ou culturelles portées par d'autres traités. Les risques de chevauchement juridique ou de contradictions entre les instruments de gouvernance restent élevés.

En outre, des questions fondamentales restent en suspens : comment garantir que l'exploitation d'un bien commun profite réellement à l'humanité tout entière? Comment éviter que les pays les plus vulnérables soient une fois de plus exclus de la redistribution des bénéfices? Comment faire respecter le droit à un environnement sain, à l'accès à la science, ou même les droits de la nature, encore largement absents du droit international?

En l'absence de réponses claires, l'idée même de patrimoine commun se trouve fragilisée. Loin d'un modèle de coopération équitable et durable, le système actuel risque de renforcer les inégalités et d'ouvrir la voie à une privatisation progressive de ressources censées appartenir à tous.

Quand la gouvernance fléchit, c'est le bien commun qui vacille.

NOUVEAUX DROITS, NOUVEAUX DÉFIS

L'exploitation minière des grands fonds soulève des questions juridiques encore peu explorées. Si le droit de la mer pose un cadre général, de nouveaux textes comme le traité BBNJ introduisent des principes de précaution, de transparence et de justice intergénérationnelle qui pourraient entrer en tension avec les objectifs de rentabilité minière.

Par ailleurs, plusieurs droits fondamentaux sont en jeu: droit à un environnement sain, droit d'accès à la science, droit à la participation des peuples autochtones aux décisions qui affectent leurs territoires culturels et spirituels. Ces droits sont reconnus par diverses conventions internationales, mais peinent encore à s'imposer dans les décisions de l'Autorité internationale des fonds marins.

Enfin, un nouveau paradigme émerge: celui des droits de la nature. Bien qu'encore absents du droit international, ils sont portés par des mouvements citoyens et certains États. À l'avenir, leur reconnaissance pourrait redéfinir les limites légales de l'exploitation des fonds marins – et replacer le vivant au cœur du droit.

Les alternatives : une vision durable

Face à l'urgence climatique et aux besoins accrus en métaux pour la transition énergétique, il est essentiel d'explorer d'autres voies que l'exploitation minière des grands fonds. Le recyclage des métaux, le développement de matériaux alternatifs et la mise en œuvre de modèles d'économie circulaire offrent des solutions concrètes et respectueuses de l'environnement. Ces alternatives peuvent réduire la pression sur les écosystèmes marins, tout en répondant aux besoins industriels.

Les écosystèmes profonds sont d'une extrême fragilité : les études menées sur les zones tests montrent qu'ils ne se remettent pas, même des décennies plus tard. Préserver ces milieux, c'est aussi se donner une chance de mieux comprendre les innovations du vivant. Les formes de vie extrêmes qu'ils abritent ont expérimenté, au fil de millions d'années, des combinaisons biochimiques, cellulaires ou comportementales qui inspirent déjà le biomimétisme et la médecine du futur.

Montagnes de déchets électroniques, suggérant la ressource cachée. Le recyclage des métaux est une alternative durable à l'exploitation des ressources vierges.

La découverte en 2024 de la production d'« oxygène noir » dans les plaines à nodules en témoigne : les grands fonds marins restent l'un des derniers territoires d'inconnu et de promesses scientifiques.

Investir dans la recherche, les technologies vertes et une exploitation terrestre plus responsable serait une réponse plus cohérente aux objectifs de l'Agenda 2030. Une transition énergétique réussie ne se mesure pas seulement en gigawatts, mais en capacité à ne pas sacrifier la résilience des écosystèmes.

LE RECYCLAGE, UN LEVIER SOUS-EXPLOITÉ

Moins de 20 % des métaux critiques sont recyclés aujourd'hui. Pourtant, les gisements urbains – nos déchets électroniques, nos batteries usagées – constituent une source accessible et abondante. Investir dans la collecte, le tri et la transformation permettrait de réduire significativement notre dépendance aux extractions primaires.

Deux visions du monde

Nous sommes à la croisée de deux logiques : celle d'une exploitation immédiate, et celle d'une préservation lucide à long terme. L'exploitation minière des grands fonds ne peut pas être une réponse sérieuse face à l'urgence climatique. Ce serait risquer de détruire des milieux dont nous ignorons encore presque tout, et dont la contribution à la régulation du climat, au cycle du carbone ou à la biodiversité mondiale pourrait se révéler cruciale.

Préserver les grands fonds marins, c'est protéger un patrimoine vivant riche en innovations biologiques, mais aussi se donner le temps d'en comprendre les apports pour la science, la médecine, ou même la lutte contre les pandémies et les pollutions.

Un moratoire s'impose, non comme un refus de la technologie, mais comme un choix de prudence fondé sur la connaissance. Il permettrait de construire un cadre juridique robuste, de mieux évaluer les impacts à long terme, et de définir collectivement les conditions d'une gouvernance équitable.

Nous avons une responsabilité morale envers les générations futures. Refuser aujourd'hui l'exploitation minière en eaux profondes, c'est parier sur l'intelligence du vivant, et sur notre capacité à imaginer un avenir qui ne sacrifie pas l'inconnu au profit de l'immédiat.

Françoise Gaill

Biologiste, océanographe, spécialiste des écosystèmes marins profonds et de l'adaptation aux milieux extrêmes, Françoise Gaill est également la vice-présidente de la plateforme Océan & Climat et conseillère scientifique au CNRS milieux marins et océaniques. Elle préside la Fondation Ocean Sustainability dont la mission est de développer l'IPOS, une plateforme internationale pour un océan durable.

Explorer les grands fonds marins avec l'extraordinaire crevette *Rimicaris exoculata*

L'océan profond abrite une biodiversité incroyable et méconnue. Les écosystèmes hydrothermaux fonctionnent grâce à la chimiosynthèse, un processus permettant la vie sans lumière. Elle constitue un lien entre le monde minéral (fluide et/ou roche, dit abiotique) et le monde animal (dit biotique). La crevette Rimicaris exoculata *est un exemple fascinant de cette adaptation. Dans un environnement naturellement toxique, elle a réussi à se développer grâce à des bactéries symbiotiques hébergées au niveau de sa tête. Ces environnements extrêmes sont aujourd'hui menacés par l'exploitation minière, ce qui rend crucial leur exploration et l'acquisition de connaissances afin de permettre leur protection.*

L'océan, qui recouvre 70% de la surface terrestre, est bien plus qu'un simple paysage marin: il abrite 80% du volume d'eau de mer de notre planète, produit au moins 50% de l'oxygène que nous respirons et absorbe environ 25% du CO_2 anthropique. Pourtant, ses grands fonds restent l'un des environnements les moins explorés et les plus mystérieux de la planète.

Les grands fonds marins sont difficiles d'accès en raison de l'épaisseur de la colonne d'eau qui les recouvre, parfois jusqu'à plusieurs kilomètres. Ils restent alors cachés aux yeux des humains, inaccessibles aux outils classiques d'observation tels les télescopes.

Ainsi, moins de 15% des fonds marins sont aujourd'hui cartographiés, et nous connaissons mieux la surface de la Lune que les profondeurs océaniques. Cependant, les avancées technologiques des dernières décennies ont permis de pénétrer ce monde mystérieux et d'en révéler des secrets insoupçonnés. Les plaines abyssales, qui représentent la plus grande surface de l'océan profond, sont peu habitées et on y rencontre de rares animaux, mais d'une très grande diversité. Longtemps perçus comme un désert obscur, glacé et inhabité, les grands fonds peuvent pourtant révéler une biodiversité extraordinaire, par exemple au plus près des sources hydrothermales. Celles-ci abritent un monde foisonnant, peuplé d'organismes microscopiques, de créatures étranges et d'espèces fascinantes capables de s'adapter à des conditions extrêmes.

Les grands fonds: un enjeu environnemental et scientifique

L'océan profond, qui constitue le plus grand biome de la planète, est un écosystème encore largement méconnu. On estime qu'il abrite au moins 2 millions d'espèces, des plus grandes – comme les vers géants, les poulpes ou les gastéropodes – aux plus petites, comme les micro-organismes et les virus. Ces organismes jouent un rôle essentiel dans le fonctionnement des écosystèmes marins et, par extension, dans celui de la planète entière.

Pourtant, ces fonds marins sont aujourd'hui au cœur des convoitises. En plus de leur biodiversité exceptionnelle, ils contiennent des ressources minérales stratégiques, comme les nodules nodules polymétalliques, les encroûtements et les sulfures hydrothermaux, riches en métaux rares. Ces ressources, considérées comme indispensables pour répondre aux besoins de la transition énergétique et numérique, suscitent l'intérêt croissant des nations et des entreprises.

Face à ces enjeux, il est impératif de concilier exploration et recherche scientifique et actions de protection environnementale. Des programmes internationaux, comme la Décennie de l'Océan des Nations Unies ou les initiatives nationales comme France 2030, visent à développer des connaissances solides sur les écosystèmes des grands fonds marins. Ces recherches incluent une approche pluridisciplinaire pour mieux comprendre la diversité biologique, géologique et chimique de ces environnements, mais aussi pour évaluer leur vulnérabilité aux activités humaines.

Les sources hydrothermales: des oasis de vie insoupçonnées

Découvertes en 1977, les sources hydrothermales, situées principalement le long des dorsales médio-océaniques et des bassins arrière-arc, ont radicalement transformé notre compréhension de la vie sur Terre. Ces «geysers sous-marins» se forment lorsque l'eau de mer froide qui s'infiltre dans les fissures des fonds océaniques, est chauffée par le magma sous-jacent, puis jaillit sous forme de fluides riches en composés chimiques comme le méthane, l'hydrogène sulfuré, l'hydrogène et les métaux lourds.

Au-delà de 200 m de profondeur, la lumière solaire ne pénètre plus, et le biotope est alors privé de photosynthèse, processus clé qui permet aux plantes de convertir l'énergie lumineuse du

Approche du *Nautile* des évents du site TAG *Active Mound* pour prélever des fluides chauds avec la bouteille Titane visible sur la gauche. © Nautile BICOSE3 Ifremer

soleil en énergie chimique pour fixer le dioxyde de carbone et synthétiser la matière organique primaire. Pourtant, ces sources hydrothermales profondes abritent des écosystèmes florissants, soutenus par un phénomène unique : la chimiosynthèse microbienne. Les micro-organismes présents dans ces milieux utilisent l'énergie chimique des fluides hydrothermaux pour fixer le carbone (dioxyde de carbone ou méthane) et produire ainsi de la matière organique, qui sert ensuite de nourriture aux autres organismes.

Ces écosystèmes sont d'une richesse incroyable. Les sources hydrothermales, avec leurs panaches et leurs structures géologiques spectaculaires et colorées, peuvent abriter des vers tubicoles géants, des mollusques, des crabes ou des crevettes, ainsi que des micro-organismes adaptés à des conditions de température et de toxicité extrêmes. Parmi ces espèces, certaines jouent un rôle crucial dans le fonctionnement des écosystèmes : ce sont les « espèces ingénieures », qui modifient leur environnement et le rendent habitable pour d'autres organismes.

Rimicaris exoculata : une crevette fascinante

Parmi ces espèces, la crevette *Rimicaris exoculata* est l'une des plus emblématiques. Découverte en 1986, cette crevette aveugle vit exclusivement sur la dorsale médio-Atlantique, entre 1 900 et 4 500 m de profondeur. Elle forme des agrégats denses, pouvant atteindre jusqu'à 2 500 individus par mètre carré, autour des cheminées hydrothermales.

La particularité de *Rimicaris exoculata* réside dans sa relation symbiotique avec des bactéries chimiosynthétiques. On qualifie de symbiotique la relation entre deux organismes vivant ensemble : le symbiote (ou symbionte) est généralement le plus petit, tandis que l'hôte est plus gros. Il peut y avoir un symbionte unique ou une communauté diversifiée de symbiontes, comme c'est le cas chez notre crevette. C'est comme notre microbiote intestinal ou sur la peau… Le microbiote participe au bon développement de l'hôte,

Décrite par Williams et Rona en 1986, *Rimicaris exoculata* passe son temps à nager entre les fluides dilués (pour se nourrir) et l'eau de mer (pour respirer).
© Nautile BICOSE3 Ifremer

sa nutrition, sa protection et l'hôte en retour l'héberge. Dans le cas de notre crevette, ces micro-organismes, hébergés dans trois organes différents – cavité céphalothoracique hypertrophiée, estomac et tube digestif réduits – fournissent jusqu'à 80% de ses besoins énergétiques. Elle se nourrit ainsi de manière passive, en nageant dans les eaux riches en fluides hydrothermaux. Cet holobionte (ensemble formé par un hôte et ses micro-organismes associés) est parfaitement adapté aux grands fonds marins.

La biologie de cette crevette est également fascinante. Son cycle de vie, encore partiellement élucidé, implique une reproduction saisonnière, principalement en hiver. Les femelles portent leurs œufs sous leur abdomen jusqu'à l'éclosion des larves, qui se dispersent ensuite dans la colonne d'eau. Les jeunes crevettes, appelées juvéniles, reviennent ensuite sur les sites hydrothermaux pour se développer. Au cours de leur croissance, elles subissent plusieurs métamorphoses, marquées par des transformations physiques et biologiques, notamment leur changement de régime trophique, c'est-à-dire du mode d'alimentation. Même si la durée de vie de *Rimicaris exoculata* reste actuellement inconnue, une grande partie de son cycle de vie a pu être reconstituée avec des modes de nutrition différents entre les larves, les juvéniles et les adultes.

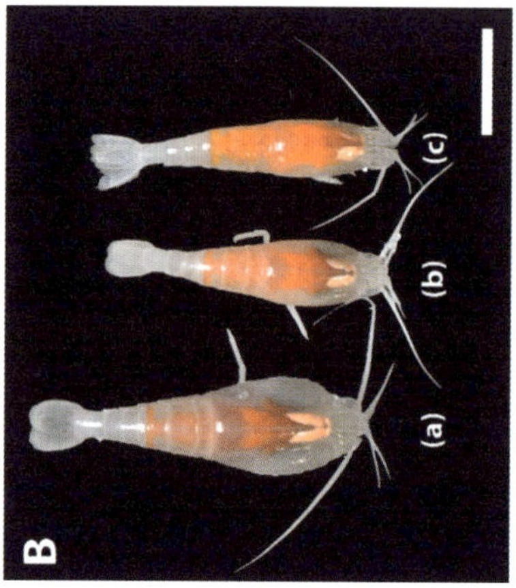

Stades de juvéniles de *Rimicaris exoculata*[1]
1 stade A: stade sans renflement de la tête, rostre, yeux ovales séparés
2 stade B: stade avec un début de renflement de la tête, rostre très réduit, yeux presque fusionnés
3 stade C ou sub-adulte: stade présentant les caractères physiques des adultes (hypertrophie de la tête), absence de rostre et plaque oculaire, mais pas encore sexuellement mature
barre d'échelle = 10 mm
@ P. Methou/Ifremer

Les défis de la recherche en eaux profondes[1]

Étudier ces écosystèmes extrêmes représente un défi de taille. Les campagnes océanographiques, comme celles menées par les programmes BICOSE et HERMINE, nécessitent des moyens technologiques avancés gérés par la Flotte Océanographique Française (FOF) : un navire spécialisé et des sous-marins capables d'atteindre 6000 mètres de profondeur, dont un habité (le Nautile), ainsi qu'un robot (le ROV Victor) et un drone (Uly^{X}). Les chercheurs doivent également composer avec des contraintes logistiques et climatiques importantes, les missions étant souvent limitées aux périodes de conditions météorologiques calmes permettant la mise à l'eau des engins sous-marins.

Malgré ces défis, les avancées scientifiques des dernières décennies ont permis de mieux comprendre ces écosystèmes uniques. Les recherches ont notamment révélé l'importance de la stabilité chimique et physique des environnements hydrothermaux pour le maintien de la biodiversité. Elles ont également

1. Référence: Methou Pierre, Michel Loic, Segonzac Michel, Cambon Marie-Anne, Pradillon Florence (2020). Integrative taxonomy revisits the ontogeny and trophic niches of *Rimicaris* vent shrimps. Royal Society Open Science, 7(7). https://doi.org/10.1098/rsos.200837

mis en évidence la connectivité – c'est-à-dire le partage d'espèces communes à de très longues distances – entre les différents sites hydrothermaux, mettant en évidence le rôle clé de la dispersion des espèces, de leur capacité de colonisation, témoin du bon fonctionnement global de ces écosystèmes et garant de leur résilience.

EXPLORATION DES GRANDS FONDS OCÉANIQUES : À LA DÉCOUVERTE DE LA VIE EXTRÊME

Grâce aux campagnes océanographiques BICOSE et HERMINE, j'explore la dorsale médio-Atlantique à la recherche de nouveaux sites hydrothermaux. Chaque plongée révèle l'extraordinaire capacité de la vie à s'épanouir dans des environnements extrêmes et hostiles.

À 3600 mètres de profondeur, le champ hydrothermal TAG (Trans-Atlantic Geotraverse) présente des sites d'âges variés, avec un mont actif actuel (Active Mound) et des structures plus anciennes, certaines formées il y a environ 125000 ans. Plus au sud, le champ hydrothermal Snake Pit, plus récent, comprend plusieurs sites actifs : Élan, les Ruches, les Falaises et le Clou. Depuis 2014, ces deux zones sont au cœur de nos recherches. Bien qu'éloignées de 300 km et séparées par une faille transformante majeure, elles abritent des espèces similaires, soulevant la question de leur connectivité et des échanges biologiques possibles entre elles.

Au fil des années, nous avons établi une première cartographie des habitats sur ces sites actifs et commencé à explorer leurs zones périphériques. L'analyse d'anomalies dans la colonne d'eau a permis d'identifier de nouveaux sites qui pourraient jouer un rôle clé dans la dispersion des espèces. Comprendre ces mécanismes est essentiel pour appréhender la dynamique des écosystèmes le long de la dorsale et à l'échelle océanique.

Nos découvertes ont également révélé que de nombreux dépôts autrefois considérés comme inactifs sur TAG sont en réalité le siège d'émissions hydrothermales à basse

> température (entre 5 et 29 °C). Cela soulève de nouvelles interrogations : par où circulent ces fluides ? Quelle est leur origine ? Ces résultats montrent combien il reste à explorer et à comprendre dans ces environnements fascinants.

Préserver les grands fonds marins : une nécessité urgente

Les écosystèmes des grands fonds marins, bien que résilients, sont également extrêmement vulnérables car rares et uniques à l'échelle de la planète. Les activités humaines, notamment l'exploitation minière des fonds marins, représentent une menace croissante pour ces habitats. Cette exploitation, motivée par la demande mondiale en métaux rares, pourrait entraîner des conséquences dévastatrices sur la biodiversité et le fonctionnement des écosystèmes.

Notre projet de recherche France 2030 - LIFEDEEPER[2] qui soutient nos recherches, et le projet France 2030 Mission 1[3] d'exploration, visent à fournir des paramètres clés pour comprendre le fonctionnement de ces environnements extrêmes, d'un point de vue géologique et biologique, à l'échelle d'un champ hydrothermal et de segments de dorsale. Nous souhaitons établir des protocoles d'inter-comparaison à l'échelle des océans afin de répondre aux questions sociétales de protection de ces biotopes, se fondant non seulement sur la biodiversité mais aussi sur les fonctions clés, leur permettant d'être résilientes, de s'adapter face aux changements naturels ou anthropiques. LIFEDEEPER contribuera à la définition de profils écologiques témoins et de stratégie de préservation dans un contexte d'un intérêt croissant pour les ressources minérales profondes pour une économie mondiale décarbonée et digitalisée. LIFEDEEPER vise à proposer des solutions permettant des prises de décisions politiques et juridiques éclairées pour la gestion durable des grands fonds marins.

2. Référence : ANR-22-POCE-0007
3. Référence : ANR-22-MAFM-0001

Un patrimoine à protéger pour les générations futures

Les grands fonds marins sont une source d'émerveillement et un patrimoine naturel inestimables. Ils abritent des espèces fascinantes comme *Rimicaris exoculata*, dont l'étude révèle les incroyables capacités d'adaptation de la vie. Cependant, ces écosystèmes sont aussi des environnements fragiles, qui nécessitent une protection accrue face aux pressions anthropiques.

À travers des initiatives comme LIFEDEEPER, il est possible de concilier exploration scientifique et préservation de ces habitats uniques. La responsabilité collective de protéger ces trésors des abysses incombe à chacun, afin qu'ils continuent d'inspirer les générations futures et de jouer leur rôle crucial dans les équilibres planétaires.

UNE JOURNÉE D'EXPLORATION DES GRANDS FONDS

Lors de nos missions dans l'Atlantique Nord, nous embarquons à bord du *Pourquoi Pas?* navire amiral de la Flotte Océanographique Française (FOF), accompagné du sous-marin habité *Nautile*. Pendant 45 jours, nous naviguons au-dessus de la dorsale médio-Atlantique, chaque jour apportant son lot de découvertes sur les capacités d'adaptation de la vie aux milieux extrêmes.

Ce matin, après une check-list rigoureuse, je prends place à bord du *Nautile*, qui est mis à l'eau vers 9 heures. L'équipe se compose de trois personnes : un pilote, responsable de la sécurité et chargé de la conduite et de la collecte des échantillons ; un co-pilote, responsable des systèmes embarqués, de la navigation, des communications et des capteurs ; et un scientifique, qui oriente la plongée et dirige les prélèvements. La descente, qui dure environ 1 h 30, est l'occasion de finaliser les protocoles et de se préparer aux manipulations à venir. Une fois arrivés sur le fond, à environ 3 500 mètres de

profondeur, nous avons six heures pour mener à bien notre mission. Nous explorons les sources hydrothermales afin de mieux comprendre les interactions entre le monde minéral (roches, fluides) et le monde vivant (micro-organismes et faune). Nos recherches nous amènent à filmer ces habitats, prélever des échantillons de roches, de fluides et d'organismes, et mesurer les paramètres physico-chimiques de l'environnement.
Lorsque la plongée touche à sa fin, le *Nautile* entame sa remontée vers la surface, où nous passerons la nuit en laboratoire à analyser les données collectées. Chaque journée d'exploration est une immersion au cœur d'un monde fascinant, qui nous rappelle à quel point la vie sait s'adapter, même dans les conditions les plus extrêmes.

Marie-Anne Cambon

Après des études d'ingénieure agronome (INA-PG 91) et un doctorat sur les ADN polymérases thermostables, Marie-Anne Cambon a développé des projets portant sur l'exploration des grands fonds marins. Au niveau des sources hydrothermales, elle étudie la diversité et le fonctionnement des écosystèmes et les capacités extraordinaires de la vie à s'adapter aux conditions extrêmes. Elle porte le projet France 2030-LIFEDEEPER (https://lifedeeper.ifremer.fr/).

Chapitre 3

• • •

L'OCÉAN COMME MOTEUR DE LA RECHERCHE ET DE L'INNOVATION

La Flotte océanographique française : de la côte au large, de la surface aux abysses

En un peu plus d'un siècle, la France s'est progressivement dotée d'une flotte océanographique qui est aujourd'hui l'une des plus puissantes au monde. Unifiée depuis 2018 et opérée par l'Ifremer et sa filiale d'armement, Genavir, la Flotte océanographique française (FOF) permet à l'ensemble de la communauté scientifique nationale d'explorer les trois grands océans – Pacifique, Indien et Atlantique – et d'y mener des campagnes scientifiques. La double prise de conscience de l'importance critique de l'océan pour nos sociétés et de la méconnaissance de cet immense écosystème nous amène à envisager son évolution avec une ambition renouvelée.

Singulière en Europe, l'unification de la Flotte renforce sa place parmi les leaders mondiaux de l'océanographie et confère à la France une capacité inégalée d'exploration de l'océan.

Des campagnes initiales dans les années 1920 à l'unification de la Flotte en 2018

On considère généralement que la première grande expédition océanographique mondiale a été britannique : réalisée à bord du H.M.S. *Challenger* entre décembre 1872 et mai 1876, elle a ouvert la voie à d'autres campagnes de reconnaissance, d'exploration et d'observation de l'océan. La France s'y est engagée en deux temps: d'abord, indirectement, grâce aux expéditions menées par le prince Albert Ier de Monaco; ensuite, à partir du tournant des années 1920, grâce aux premières campagnes conduites par l'Office des sciences et techniques des pêches maritimes (OSTPM), grand ancêtre de l'Ifremer, à bord de navires de la Marine nationale, de bateaux de pêche ou du *Pourquoi pas?* du commandant Jean-Baptiste Charcot. C'est dans les années 1930 que le premier navire océanographique dédié, le *Président Théodore Tissier*, long de 50 mètres, a été lancé.

Sous l'impulsion du général de Gaulle, la France s'est dotée à partir de 1960 de moyens navals et sous-marins conséquents pour accompagner le développement de l'océanographie. En témoignent le lancement en 1965 du *Jean Charcot*, navire océanographique de 75 mètres, puis la mise en service en 1969 du sous-marin habité *Cyana*, l'un et l'autre opérés par le Centre national d'exploitation des océans (CNEXO), autre ancêtre de l'Ifremer. Autres étapes importantes: la construction du sous-marin habité *Nautile*, qui fête cette année le 40e anniversaire de sa première plongée scientifique; puis, en 1989, le lancement de *L'Atalante*, premier grand navire océanographique polyvalent long de 85 mètres, encore en service; et en 1999, la mise en service d'un engin d'intervention sous-marine, le robot téléopéré Victor 6000. Le lancement en 2005 du *Pourquoi pas?* a marqué une nouvelle étape: au-delà de sa polyvalence et de sa taille, 107 mètres, il a été le fruit d'un partenariat original avec la Marine nationale.

Engagé depuis le début des années 2010, le processus d'unification de la Flotte océanographique française a abouti en 2018: le sous-affrètement par l'Institut polaire français (Institut Paul-Émile Victor, IPEV) du *Marion Dufresne II*, propriété des Terres australes et antarctiques françaises, a été repris par l'Ifremer; parallèlement, l'IRD et le CNRS ont transféré leurs navires océanographiques à l'Ifremer. Depuis 2020, ce sont donc l'Ifremer et sa filiale d'armement, Genavir, qui sont chargés d'opérer la FOF et de l'étendre à l'ensemble de la communauté scientifique française. Cette ouverture est garantie par une gouvernance ouverte qui associe le CNRS, l'Ifremer, l'IRD et le réseau des universités marines, sous la présidence du ministère chargé de la recherche.

Cette unification permet d'avoir une vision globale et intégrée de la programmation annuelle des campagnes océanographiques; elle offre aussi la possibilité de penser globalement la modernisation et le renouvellement des moyens navals de la FOF. Alors que la question est régulièrement posée de renforcer les collaborations européennes, cette unification est une originalité et un atout: les autres grandes flottes océanographiques nationales (Allemagne, Royaume-Uni, Espagne, Norvège…) sont en effet fragmentées entre plusieurs établissements.

Une flotte polyvalente qui se déploie sur l'ensemble du globe

Des missions diversifiées

La Flotte océanographique française (FOF) a pour originalité de servir plusieurs objectifs. Sa première mission est de permettre à la communauté scientifique française de mener des recherches de la côte au large et de la surface aux abysses dans les trois grands océans. La FOF est ainsi considérée comme une infrastructure de recherche, une «IR*» selon la terminologie du ministère de l'Enseignement supérieur et de la Recherche: elle est de fait, et de loin, la plus grande infrastructure de recherche française dans le domaine des sciences de l'environnement considérées au sens large.

La FOF conjugue ambition scientifique, appui aux politiques publiques et collaboration internationale.

L'équipe de l'école Bleu Outremer sur le pont du *Marion Dufresne* en 2022. © Louis Bouscary

À cette mission princeps s'en ajoutent deux autres. La formation des étudiants est principalement menée par les universités dans le cadre de missions courtes, à la journée sur des petits navires dits « de station », ou de campagnes côtières de plusieurs jours sur des « navires côtiers ». Elle peut prendre d'autres formes avec l'embarquement d'étudiants, notamment de doctorants, sur des « navires hauturiers », ou avec l'organisation d'écoles flottantes, dont l'école Bleu Outremer réalisée en 2022 dans l'océan Indien a été un exemple emblématique.

L'appui aux politiques publiques est une autre mission majeure de la FOF. Elle se traduit notamment par des campagnes halieutiques récurrentes en Méditerranée, dans le golfe de Gascogne, dans la Manche et la mer du Nord. Plus ponctuellement, la Flotte est mobilisée pour réaliser les campagnes qui soutiennent le programme d'extension raisonnée du plateau continental qui, depuis 2000, a déjà permis à la France d'étendre son domaine sous-marin de plus de 700 000 km². Les campagnes hydrographiques menées par le SHOM relèvent aussi de l'appui aux politiques publiques et s'inscrivent dans le cadre du partenariat établi avec la Marine nationale.

La FOF promeut aussi des collaborations avec les entreprises privées. De fait, cette mission est aujourd'hui moins développée que les trois autres qui saturent l'essentiel de ses moyens.

La nature des missions ainsi réalisées a évolué au cours du temps. D'abord dédiées au suivi scientifique des ressources halieutiques, elles se sont diversifiées pour couvrir un vaste spectre de disciplines et de sujets qui concernent la physique, la chimie, la biologie de l'océan, les géosciences, la pêche, l'exploration des fonds marins et de la colonne d'eau. De plus en plus, les campagnes océanographiques, notamment les campagnes hauturières, sont pluridisciplinaires.

Des navires, des engins sous-marins et des équipements de pointe

Pour mener à bien ses missions, la Flotte dispose d'équipements lourds. Il est d'ailleurs frappant que la première question posée à propos de la FOF porte souvent sur les moyens navals et les équipements scientifiques embarqués. La Flotte est d'abord composée de navires de dimensions variées, depuis les navires hauturiers capables de naviguer pendant plusieurs semaines sur tous les océans, sauf les océans polaires, jusqu'aux navires

Mise à l'eau du *Nautile*, qui fête en 2025 le 40e anniversaire de sa première plongée scientifique, depuis le *Pourquoi pas* ? © Stéphane Lesbats

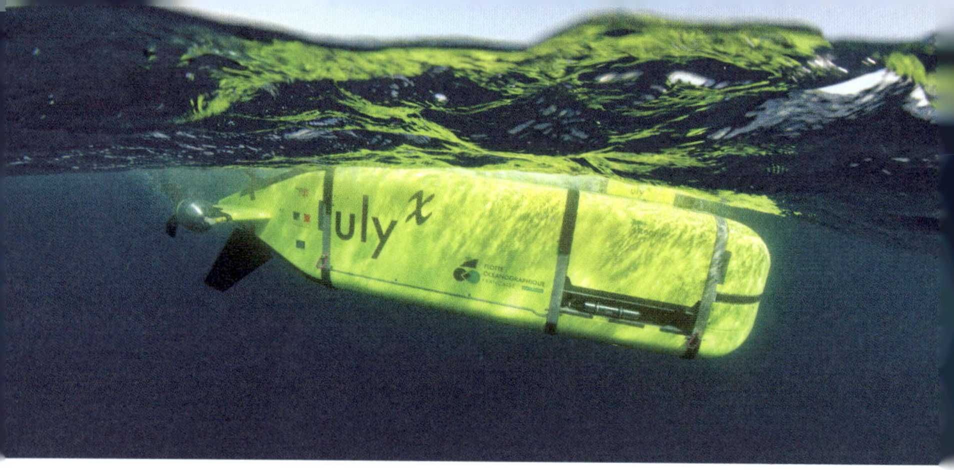

Le dernier né des engins sous-marins de la Flotte océanographique française: le sous-marin autonome *Uly*^{x} affleurant la surface. © Olivier Dugornay

de station attachés à des sites universitaires, en passant par des navires côtiers ou semi-hauturiers dont la portée est régionale. Ces navires sont aujourd'hui la propriété de l'Ifremer, sauf le *Marion Dufresne* et les navires de station (propriété du CNRS).

La FOF est aussi composée d'engins de reconnaissance et d'intervention. Les plus lourds de ces équipements sont embarqués à bord des navires hauturiers. Il s'agit d'engins sous-marins dédiés à l'exploration des grands fonds marins jusqu'à 6000 mètres de profondeur: le sous-marin habité *Nautile* et le robot télé-opéré Victor 6000 permettent d'intervenir sur des zones préalablement cartographiées ou reconnues grâce aux sondeurs multifaisceaux des navires ou au drone (AUV: *autonomous underwater vehicle*) Uly^x, lui aussi capable d'atteindre 6000 mètres. D'autres engins peuvent être embarqués sur certains navires côtiers: les AUV Idefi^x et Asteri^x et le robot hybride Ariane, dont les profondeurs de plongée se limitent à 2500 mètres.

La FOF dispose d'autres équipements scientifiques particuliers. Certains sont fixes, tels que les sondeurs multifaisceaux qui équipent les navires hauturiers ou le carottier géant Calypso qui est attaché au *Marion Dufresne* et détient le record mondial de la plus longue carotte sédimentaire (extraite au large de l'île Crozet, dans l'océan Austral, longue de 69 mètres et permettant d'étudier des archives paléoclimatiques). D'autres équipements sont mobiles et peuvent être déployés en tant que de besoin, principalement sur les navires hauturiers : il s'agit notamment des équipements sismiques pour explorer la croûte océanique sur une épaisseur de plusieurs kilomètres, et d'un pénétromètre pour effectuer des mesures géotechniques.

L'ensemble de ces moyens représente un investissement financier et humain considérable. Depuis 2020, cet investissement fait l'objet d'une programmation décennale qui est régulièrement actualisée.

Des femmes et des hommes

Au-delà des moyens matériels, la FOF est aussi et surtout une affaire de femmes et d'hommes dont les missions, compétences et fonctions sont complémentaires et qui se répartissent entre la direction de la flotte océanographique (DFO) de l'Ifremer et la filiale d'armement de l'Ifremer, Genavir. Sans oublier, point essentiel, les usagers de la FOF, c'est-à-dire les scientifiques qui embarquent à bord pour mener des campagnes.

Au cœur de la science océanographique, des femmes et des hommes unissent expertise et passion pour explorer les profondeurs.

La DFO compte environ 90 personnes. Cette direction est d'abord chargée de la programmation des campagnes en étroite interaction avec la communauté scientifique ainsi qu'avec la Marine nationale et les flottes des pays partenaires, principalement en Europe, mais aussi en Amérique du Nord ou dans le Pacifique. Au cours des dernières années, la pandémie de Covid-19, puis la forte inflation du coût des carburants, ont rendu cette tâche particulièrement délicate. La DFO a aussi la particularité d'héberger deux unités technologiques respectivement dédiées à la conception des navires et systèmes embarqués, et à la conception des systèmes sous-marins. Ces deux unités sont essentielles pour le ressourcement de la Flotte océanographique et pour l'évolution à long terme de ses moyens. À titre d'exemple, dans la période récente, elles ont, l'une, testé l'usage des drones de surface pour élargir les capacités d'observation de la Flotte et, l'autre, conçu l'AUV Uly[x] qui embarque des algorithmes d'intelligence artificielle pour reconnaître les fonds marins jusqu'à 6000 mètres de profondeur. C'est aussi la DFO qui assure la maîtrise d'ouvrage des projets de renouvellement des moyens navals.

La filiale Genavir est forte de plus de 400 marins, logisticiens, ingénieurs et techniciens qui sont chargés de maintenir les moyens navals de l'Ifremer en conditions opérationnelles et de gérer les campagnes océanographiques programmées par la DFO. Plus de 1500 chercheurs, enseignants-chercheurs, ingénieurs, doctorants, et étudiants embarquent chaque année à bord des navires de la FOF : ils appartiennent non seulement à l'Ifremer, mais aussi, en majorité, aux universités et autres organismes français de recherche, ainsi qu'à des institutions étrangères partenaires.

Une capacité de projection et un instrument de souveraineté

La carte des campagnes réalisées depuis plus d'un siècle dessine une géographie qui articule des dimensions scientifiques, technologiques et géopolitiques qu'une analyse diachronique révèle encore mieux.

Au début, les campagnes étaient focalisées sur les côtes et les eaux françaises : une situation qui s'explique par les capacités limitées des navires et équipements scientifiques mobilisés et par les enjeux liés à la pêche. Le déploiement des campagnes sur l'océan global a ensuite obéi à plusieurs logiques.

D'abord, une logique géopolitique, avec, par exemple, des missions le long des côtes de l'Afrique de l'Ouest, sur des sujets halieutiques et de géosciences, ou dans les Outre-mer, autour

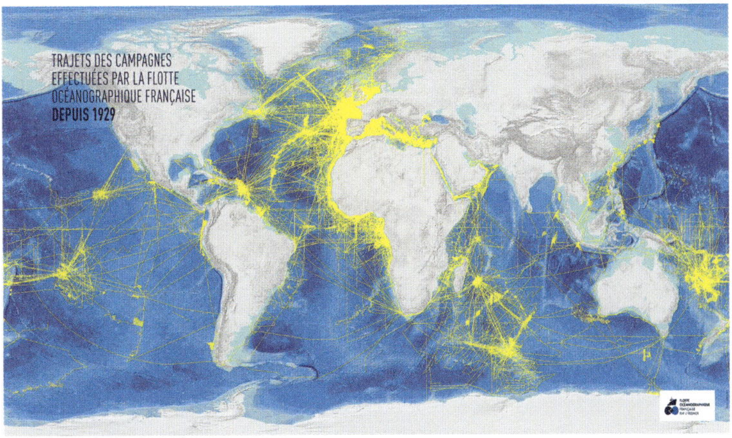

Un siècle de campagnes scientifiques réalisées par des équipes françaises: carte des missions menées depuis 1921. © Ifremer/Sismer

de Saint-Pierre-et-Miquelon pour des enjeux liés à la pêche, et autour des autres départements et territoires ultramarins, notamment pour cartographier les fonds marins et soutenir les demandes d'extension de son plateau continental portées par la France auprès de la commission des limites du plateau continental des Nations unies.

Ensuite, une logique capacitaire, scientifique et technologique : la projection au large et l'exploration des grands fonds n'ont été possibles que quand des navires hauturiers et des moyens sous-marins ont été disponibles. Les campagnes sur la dorsale médio-atlantique menées à partir des années 1970 illustrent cette convergence entre les capacités technologiques (existence de moyens d'exploration profonde et d'un navire capable de les déployer) et l'intérêt scientifique (l'étude de la dorsale elle-même) ; il en va de même pour l'étude des plaines abyssales de la zone de Clarion-Clipperton dans le Pacifique Est.

Cette carte illustre la capacité de projection de la FOF sur l'océan global. Elle en marque aussi les limites puisque l'on voit clairement, en creux, l'absence d'un brise-glace scientifique permettant de réaliser des campagnes dans l'Arctique ou dans l'océan Austral. On observe aussi le faible nombre de campagnes menées dans certaines zones, pourtant physiquement accessibles, mais peu sillonnées faute d'un intérêt scientifique des chercheurs français ou d'un partenariat institutionnel avec les États riverains.

Une grande prospective pour imaginer l'avenir

La Flotte océanographique française fait aujourd'hui face à de nouveaux défis. Le premier de ces défis est celui de sa modernisation. La durée de vie des navires océanographiques est typiquement d'une quarantaine d'années. Lorsqu'on sait que le plus jeune des navires de la FOF a 20 ans, on mesure l'enjeu des prochaines décennies et le poids induit par l'absence d'investissements majeurs entre 2005 et 2020. Depuis quelques années, ces investissements ont repris : un navire régional en construction, appelé à opérer principalement dans la Manche et la mer du Nord, l'*Anita Conti*, rejoindra la Flotte en 2026 ; un autre navire est en projet pour assurer, depuis la Nouvelle-Calédonie, une présence continue dans le Pacifique de l'Ouest et du Sud, avec, si les études en confirment la faisabilité et la pertinence, une capacité de projection dans l'Antarctique de l'Est pendant l'été austral. La décision de moderniser le *Nautile* a été prise en 2024, de telle sorte que la France garde une capacité de plongée profonde habitée au moins jusqu'en 2035. Malgré ces premiers projets significatifs, la modernisation de la Flotte reste un véritable défi : plusieurs navires, dont trois des quatre plus grands, sont en effet appelés à être désarmés d'ici 2035.

Le deuxième défi est d'ordre scientifique et technologique. Les besoins scientifiques sont en constante évolution : si certains thèmes perdurent, d'autres prennent une ampleur nouvelle. Les grands fonds marins et la biodiversité en fournissent deux exemples. Alors qu'un peu plus de 25 % des fonds marins ont aujourd'hui été cartographiés avec une résolution hectométrique, moins de 0,001 % ont été visuellement observés avec des engins profonds. Le récent traité de la haute mer sur la biodiversité au-delà des juridictions nationales milite pour que l'on complète la connaissance de la physique et de la chimie de l'océan par une exploration systématique de sa biodiversité : on connaît aujourd'hui environ 250 000 espèces marines (en dehors des micro-organismes), mais on est incapable de dire s'il y en a encore une ou plusieurs millions à découvrir.

Ces évolutions scientifiques s'accompagnent d'évolutions technologiques rapides. En voici, là aussi, deux exemples : les drones de surface fournissent aujourd'hui des moyens nouveaux, complémentaires des navires et des moyens spatiaux, pour observer l'océan ; parallèlement, les outils numériques permettent d'envisager les campagnes océanographiques différemment, avec un lien terre-mer renforcé et des outils immersifs qui favorisent la participation en temps réel d'équipes qui ne sont pas à bord des navires.

À ces évolutions se superposent le défi de la décarbonation des flottes océanographiques et le besoin de repenser leurs partenariats. La réduction de l'empreinte environnementale des navires océanographiques s'inscrit dans un mouvement plus général porté par l'Organisation maritime internationale. Ces navires ne sont certainement pas parmi les plus polluants, et certains arguent que la science, en tant que bien commun, pourrait motiver des dérogations : il n'en reste pas moins que la science, qui a alerté sur les dangers liés au dérèglement climatique et aux diverses formes de pollution marine, se doit d'être exemplaire dans ce domaine. Labellisée Green Marine Europe depuis 2020, la FOF poursuit donc cet engagement. Au-delà du mode de propulsion des navires, la décarbonation implique de s'intéresser aux pratiques, par exemple à la vitesse de transit, à l'organisation des campagnes, et aux partenariats internationaux qui permettent d'éviter des transits longs.

La science, qui alerte sur le dérèglement climatique et la crise de la biodiversité, se doit d'être exemplaire en matière de durabilité et de décarbonation.

La question des partenariats se pose plus largement, dans trois registres complémentaires. D'abord, avec les partenaires institutionnels français, en s'appuyant sur les collaborations établies avec la Marine nationale et les Terres australes et antarctiques françaises, et en renforçant les interactions avec le département des recherches archéologiques subaquatiques et sous-marines (DRASSM) du ministère de la Culture.

Au-delà, en développant les mécanismes européens et internationaux initiés au cours des dernières décennies, d'échange de temps bateau et d'accès à des équipements spécialisés. Par exemple, avec les projets européens successifs Eurofleets, dans le cadre de l'Ocean Facilities Exchange Group ou encore via le partenariat entre l'Ifremer et l'Université Laval à Québec, qui permet un accès croisé des équipes canadiennes et françaises aux navires de la FOF (pour les équipes) et à un brise-glace scientifique.

Le troisième registre concerne l'usage de « navires d'opportunité », dont la finalité principale n'est pas scientifique, et les collaborations avec des acteurs privés (par exemple, des grandes fondations) qui opèrent des navires océanographiques. La croissance de cette offre partenariale est à la fois bienvenue, au regard de l'ampleur des besoins d'exploration, d'observation et de connaissances, et porteuse de questions éthiques, par exemple sur l'ouverture des données ainsi recueillies et sur la liberté de recherche.

Ces différentes évolutions sont au cœur de la réflexion prospective que la FOF vient de publier sous la forme d'un livre blanc à l'occasion de la 3e conférence des Nations unies sur l'océan.

Alors que la France forme le projet d'initier un grand programme d'exploration de l'océan, Neptune, il est en effet essentiel que la Flotte océanographique française continue de porter haut le pavillon de la recherche française sur les sept mers du monde.

François Houllier

Président-directeur général de l'Ifremer depuis septembre 2018, François Houllier a présidé la communauté d'universités et d'établissements Université Sorbonne Paris Cité (2016-2018) et l'Institut national de la recherche agronomique (2012-2016).

Polytechnicien et docteur, il a mené des recherches en écologie et modélisation forestière, dirigé l'Institut français de Pondichéry (1994-1997) et présidé l'Institut forestier européen (2003-2005). Il est l'auteur de trois rapports au gouvernement, dont celui sur l'état des sciences participatives en France (2016).

Enseigner l'océan

Pourquoi comprendre la mer est vital

Le milieu marin est fondamentalement étranger à l'espèce humaine, qui est née et a évolué sur les continents. L'océan est un univers fluide, en mouvement et réellement tridimensionnel – voire quadridimensionnel si l'on intègre cette dynamique temporelle – et les êtres humains n'ont fait qu'effleurer sa surface jusqu'au XIXe siècle[1]. Certes, la vie est née dans la mer il y a presque quatre milliards d'années, mais bon nombre d'espèces ont commencé à la quitter il y a déjà un demi-milliard d'années et ont continué à évoluer sur la terre ferme (même si régulièrement certaines d'entre elles retournent à l'océan, comme les ichtyosaures ou les cétacés). Et ce n'est que depuis environ 150 ans – avec l'expédition du HMS *Challenger* comme repère remarquable – que nous réalisons de plus en plus à quel point l'océan joue un rôle clé dans la régulation du climat et de la biodiversité, et à quel point nous dépendons de sa bonne santé pour un très grand nombre de nos propres activités. Plusieurs chapitres de ce livre décrivent ces activités et leur dépendance aux caractéristiques de l'océan en soulignant la dégradation de celles-ci.

1. Pour une histoire de l'océanographie et surtout de l'évolution de ses concepts, je ne peux que conseiller cet ouvrage de 2020 par Guy Jacques, Paul Tréguer et Herlé Mercier, aux éditions ISTE. Et aussi cette superbe *Histoire de la mer*, en BD, par Jörg Mailliet et Matz, conseillés par Olivier Chaline et François Lefèvre, aux éditions Les Arènes (2025).

En tant que professeur, je souhaite me focaliser sur la manière dont on peut (doit ?) amener les étudiants à saisir ce monde étrange de la façon la plus intégrative possible. Car, pour comprendre l'océan, il est nécessaire de l'aborder simultanément sous l'angle de plusieurs disciplines. Et la formation des prochaines générations de scientifiques de la mer s'avère cruciale : elle repose en grande partie sur nos universités dont le réseau, en France, s'appuyant sur des stations marines parmi les plus anciennes et les plus développées dans le monde, est à l'image de notre vaste domaine maritime national.

Les sciences de la mer : explorer un monde complexe
L'étude de l'océan nécessite une approche large, englobant la physique, la chimie, la biologie, mais aussi la géographie, l'économie, le droit et les sciences humaines. La structuration actuelle des universités en facultés et composantes (UFR) séparées a fortement tendance à isoler ces disciplines, ce qui rend une réelle interdisciplinarité difficile à mettre en œuvre au cours de la formation initiale d'un étudiant.
Il manque encore, dans beaucoup de cas, une introduction à la complexité et à la dynamique particulière de l'océan, qui devrait intervenir sans doute en plusieurs étapes.

Comprendre l'océan nécessite de dépasser les frontières disciplinaires : il ne se réduit ni à des lois physiques, ni à des écosystèmes biologiques, ni à des enjeux sociaux isolés.

D'abord dans le premier cycle de licence pour commencer à aborder ces notions : c'est parfois proposé sous forme d'options mais couvrant rarement le spectre entier des disciplines. Il faut espérer que cette approche globale de l'océan puisse de plus en plus trouver sa place dans les enseignements nouvellement apparus dans le cursus de licence autour des notions de transition environnementale et de développement durable, un périmètre propice pour mêler sciences naturelles et humaines. Dans le domaine des sciences naturelles, ce cursus se poursuit généralement dans une discipline particulière durant la licence : mathématiques, physique, chimie, sciences de la vie, de la Terre, avec, de plus en plus souvent, la possibilité d'y ajouter une « mineure » ou des options « marines » en seconde ou troisième année de licence. Mais c'est surtout en master que l'étudiant a l'opportunité de choisir une formation fortement marinisée. Si la nomenclature des mentions de master, récemment uniformisée, propose des cursus bien identifiés[2] (*Sciences de l'océan, atmosphère et climat*; *Sciences de la mer*), d'autres formations se dissimulent sous forme de parcours nichés au sein de mentions comme *Biodiversité, écologie et évolution*; *Biologie moléculaire et cellulaire*; *Sciences de la Terre (sic) et des planètes, environnement*; et diverses spécialités de physique ou de chimie… Dans les humanités, c'est encore plus difficile de trouver des propositions dédiées à l'océan. Pas un seul « Droit de la mer » dans la trentaine de parcours incluant le mot « droit » ! Cependant, des enseignements sur le droit de la mer existent bel et bien dans une demi-douzaine d'universités. C'est le cas également en géographie ou en histoire, mais beaucoup plus rare en lettres ou en sociologie. Il est important d'inclure, dans ces cursus spécialisés, des enseignements croisés avec d'autres disciplines. Des notions d'écologie marine et de physique des océans pour les sciences sociales ou le droit, par exemple, et inversement des approches sociétales comme l'aménagement du territoire ou le droit de la mer

2. Ce sont les deux seules mentions de master où le mot océan ou mer apparaît. Pas de marin ou de maritime ! Vous pouvez vérifier : https://www.legifrance.gouv.fr/loda/id/JORFTEXT000028583174

pour les cursus en sciences naturelles. C'est déjà le cas dans plusieurs universités marines, mais cela mériterait d'être généralisé. De telles formations croisées sont aussi utiles à proposer en dehors de la formation initiale des étudiants. Elles peuvent alors être spécialement destinées à donner une base de connaissances indispensables pour des professionnels non scientifiques mais confrontés dans leurs activités à des sujets « marins »: journalistes, politiques, industriels sont souvent demandeurs de telles formations continues. Réciproquement, ces échanges entre les mondes académiques et socio-économiques doivent nous permettre d'affiner notre offre de formation en développant des thèmes d'actualité dont la connaissance est favorable à une meilleure insertion de nos étudiants. Bien entendu, la diffusion des connaissances doit aussi s'adresser au plus grand nombre. Les événements ouverts au public sont nombreux à travers les territoires, métropolitains et ultramarins, et pas seulement en cette Année de la Mer 2025. L'océan, dans toutes ses dimensions, constitue le plus souvent un sujet très attractif, et les CCSTI[3] comme Océanopolis ou Nausicaá, pour n'en citer que deux, ou des associations comme Génération Mer ou les Petits Débrouillards, font régulièrement appel aux scientifiques que nous sommes pour venir partager nos passions auprès du grand public.

QU'EST-CE QUE LES SCIENCES MARINES ?

Il convient de préciser que les adjectifs « marin » et « maritime » ne sont pas vraiment synonymes. En principe, « marin » qualifie ce qui appartient, vit ou se trouve

3. Centres de culture scientifique, technique et industrielle. Voir ici: https://www.enseignementsup-recherche.gouv.fr/fr/un-reseau-national-de-culture-scientifique-et-technique-46087

dans la mer. Le terme marque un rapport plus étroit à la mer que « maritime ». Ce dernier qualificatif est usuellement employé pour les activités humaines liées à la mer. Ainsi, on parle de « biologie marine », mais de « transport maritime ». Mais, en réalité, les termes « marine » et « maritime » sont étroitement liés et souvent confondus, comme dans les « énergies marines » : certes, il s'agit de ce qui est produit par l'océan (vagues, courants, gradients de température), mais surtout dans leur utilisation potentielle comme source d'énergie électrique (énergies marémotrice, hydrolienne, houlomotrice, thermique). En matière de formation, je parlerai essentiellement de sciences marines, c'est-à-dire de l'enseignement supérieur des sciences de la mer, au sens large, incluant les sciences sociales, et fort peu du domaine maritime, consacré à l'apprentissage des « métiers de la mer ». Cette distinction se retrouve au niveau de nos ministères de tutelle : enseignement supérieur et recherche pour les premières, et ministère de la Mer pour les seconds[4]. Néanmoins, il faut bien prendre conscience que si les activités maritimes doivent *a fortiori* être adaptées au milieu marin, elles ont aussi des conséquences sur les processus marins naturels, qu'ils soient physiques, chimiques ou biologiques.

Universités marines : former les explorateurs de demain

En France, lorsque les médias ou le grand public évoquent les recherches en sciences marines, les organismes qui leur viennent immédiatement à l'esprit sont l'Ifremer et le CNRS. Cela est tout naturel pour le premier, dont l'océan constitue l'unique objet

4. Le lecteur pourra se référer au site https://formations.mer.gouv.fr pour découvrir la palette des formations aux nombreux « métiers de la mer », dont l'École nationale supérieure maritime (pour la marine marchande) ou l'École navale (pour la marine nationale).

d'étude, examiné sous ses multiples facettes. Le CNRS, reconnu comme l'organisme dédié majoritairement aux recherches fondamentales, s'intéresse également à l'océan via ses divers instituts, avec une implication particulière de l'INSU (Institut national des sciences de l'univers). Les prospectives Océan-Atmosphère[5] proposées régulièrement par l'INSU fédèrent ainsi l'ensemble de la communauté scientifique concernée, quel que soit l'organisme ou l'établissement d'appartenance.

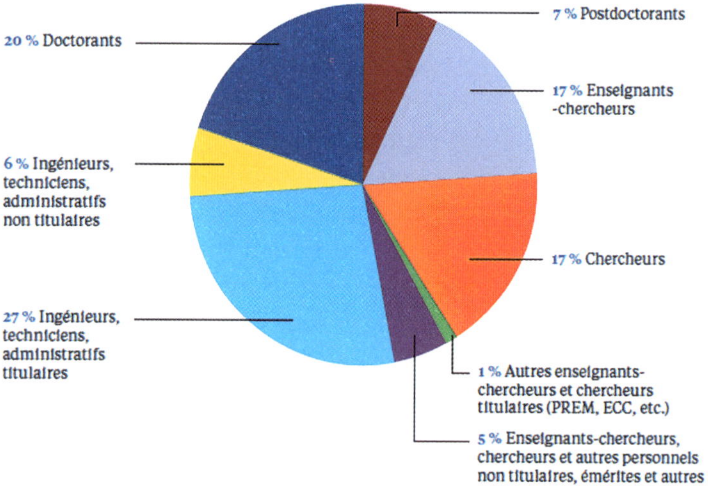

Répartition des effectifs en sciences et techniques de la mer par catégorie de personnel. Les enseignants-chercheurs sont très majoritairement universitaires alors que les chercheurs travaillent pour des organismes de recherche comme l'Ifremer ou le CNRS et contribuent peu à la formation initiale des étudiants. Source : Moulinier et al. 2020, doi 10.13155/76327

Au total, près de 7000 personnes travaillent en France dans les sciences et techniques de la mer (voir illustration), selon un inventaire récent réalisé par l'Ifremer à la demande du Conseil

5. On trouvera l'essentiel de la plus récente prospective (2024) résumé dans ce document : https://www.insu.cnrs.fr/sites/institut_insu/files/page/2024-11/DigestProspectiveOA2023_INSU-CNRS.pdf

national mer et littoraux[6]. Fait notable, la proportion de chercheurs (tous organismes confondus) et d'enseignants-chercheurs (universitaires) est égale, représentant chacun 17 % de l'effectif, soit environ 1200 individus. Ce premier tiers est complété par un tiers d'ingénieurs, techniciens et administratifs, indispensables à l'accomplissement des tâches dévolues à nos centres de recherche. Le dernier tiers est composé de jeunes en début de carrière ou en fin de formation: post-doctorants et doctorants, ceux-ci d'ailleurs inscrits dans une université habilitée à délivrer le doctorat, quel que soit leur employeur. Cet inventaire a ainsi mis en lumière l'importance des personnels des universités marines, comparable à celle du CNRS et dépassant celle de l'Ifremer par exemple, un fait très souvent ignoré de ces universités elles-mêmes!

Cependant, il y a une quinzaine d'années, une dizaine d'universités «marines» ont décidé de se fédérer. Ce Réseau Français des Universités Marines (RUM)[7] a été initialement fondé pour renforcer la participation hexagonale aux actions de l'European Marine Board[8], aux côtés du CNRS et de l'Ifremer, en y contribuant à la fois sur la recherche et sur la formation. Ce réseau est rapidement devenu un interlocuteur clé pour un nombre croissant d'institutions et d'organisations: infrastructures de recherche, comités ministériels, réseaux européens et internationaux. Aujourd'hui composé de dix-huit établissements, la carte du RUM (voir illustration) montre l'importance géographique de ce réseau pour la formation.

---

6. Moulinier H., Vernet M., Dosdat A., Petit de La Villeon L., Le Gall M., Ibarra D., Meillon J. (2020). «Sciences et Techniques de la Mer», un inventaire national quantitatif et qualitatif des ressources publiques de recherche. *Comer, Ifremer*. https://doi.org/10.13155/76327
7. https://universites-marines.fr/
8. https://marineboard.eu/

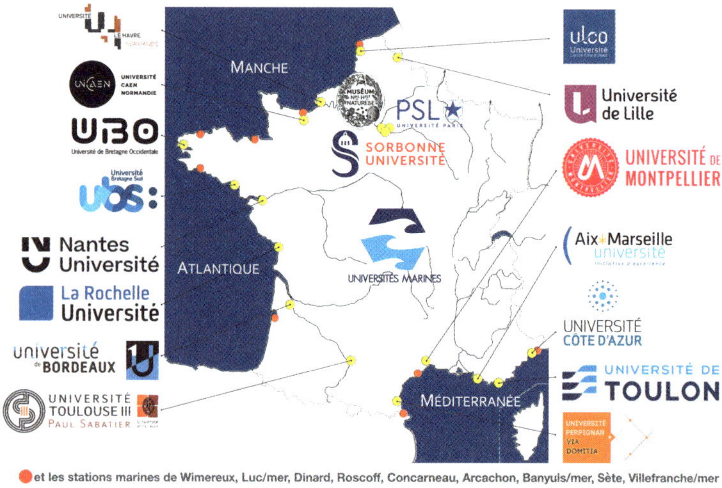

Carte du Réseau Français des Universités Marines (RUM) composé à ce jour de dix-huit établissements répartis tout au long des côtes hexagonales. Toutes ces universités ont une forte composante marine en formation, recherche, observation, médiation et valorisation. Source: fond de carte www.cartesfrance.fr et composition F. Lallier

Dans le cadre de son activité, le RUM a notamment développé un moteur de recherche pour identifier les formations marines proposées par les établissements français, en dépit de la complexité de certaines dénominations. La forte consultation de ce site lors de l'ouverture des candidatures sur «Mon Master» témoigne de son utilité. Ce moteur de recherche, régulièrement actualisé, toujours en développement, inclut désormais les licences et les offres de formation continue.

Il convient de souligner le rôle pionnier de l'Université de Bretagne Occidentale (UBO) à Brest. Dès les années 1990, l'UBO a créé l'Institut Universitaire Européen de la Mer (IUEM), un Observatoire des sciences de l'univers du CNRS. C'est, à ma connaissance, la seule entité d'enseignement supérieur française dotée d'un vice-président en charge de la mer. Par cette initiative, l'UBO a très tôt mis en œuvre l'interdisciplinarité essentielle à l'étude des océans.

Plus récemment, notamment grâce aux Programmes d'Investissement d'Avenir, d'autres universités ont développé des structures dédiées à l'interdisciplinarité autour de l'océan. Citons l'Institut de l'Océan de l'Alliance Sorbonne Université, l'Institut des Sciences de l'Océan d'Aix-Marseille Université, l'Institut Littoral Urbain, Durable et Intelligent de La Rochelle Université, ou encore l'Institut des Sciences de la Mer et du Littoral à l'Université du Littoral Côte d'Opale. Ces composantes rassemblent diverses disciplines œuvrant dans les sciences marines au sens large et s'attachent à promouvoir cette vision éclectique tant en recherche qu'en formation.

SUR LE PLAN EUROPÉEN, PLUSIEURS INITIATIVES MAJEURES ONT ÉMERGÉ

L'IMBRSea (*International Master of Science in Marine Biological Resources*), un programme Erasmus Mundus, en est un exemple marquant. Héritier du Master EMBC lancé en 2009 dans le cadre du programme MarBEF, il regroupe 11 universités, dont trois françaises (SU, UBO et UCAz). En outre, des réseaux européens d'universités tels que SeaEU, EUNICoast, EUConexus ou EOREA impliquent des universités françaises (UBO, ULHN, UAntilles, LRU, AMU) et renforcent l'interdisciplinarité, le lien avec le monde socio-économique et la diffusion des connaissances au-delà de la formation initiale. Ces thématiques ont notamment été développées lors du premier Forum international des Universités Marines, en marge de la Conférence des Nations Unies pour l'Océan (UNOC) à Nice en juin 2025. L'une des recommandations issues de ce forum est d'établir des programmes de formation sur le terrain – la mer – qui soient accessibles à un beaucoup plus grand nombre d'étudiants.

Rien de tel qu'une sortie sur l'estran à Roscoff pour découvrir la diversité des grandes algues des côtes de la Manche. © Marie-Anne Le Moigne & Station biologique de Roscoff

Apprendre sur le terrain: les stations marines et la formation en mer

Il est en effet impératif d'insister sur la nécessité de confronter nos étudiants au terrain tout au long de leur cursus. La formation en mer est essentielle, bien qu'elle demeure coûteuse et inégalement accessible selon les institutions et les régions. Cette nécessité a été reconnue dès la seconde moitié du XIXe siècle avec l'établissement des premières stations marines en France (Concarneau, Arcachon et Roscoff notamment). Aujourd'hui, une quinzaine d'entre elles longent nos côtes (voir la carte du RUM page précédente), jouant un rôle clé non seulement dans l'observation littorale et côtière, mais aussi dans la formation des étudiants.

La diversité et la spécificité des côtes françaises offrent une remarquable palette de paysages marins contrastés, idéaux pour explorer une grande variété d'écosystèmes marins, qu'ils soient benthiques (au fond de la mer) ou pélagiques (dans la colonne d'eau). Ces stations, par leur localisation et leur infrastructure, constituent des outils pédagogiques indispensables pour initier

Sur le pont arrière de la *Neomysis*, malgré le tangage et le roulis, il faut trier la faune des sédiments meubles remontés par la drague de prélèvement. © Station biologique de Roscoff

les étudiants à la richesse et à la complexité du milieu marin. Et c'est une réelle satisfaction pour l'enseignant que je suis de voir briller les yeux des étudiants quand ils soulèvent un bloc de roche sur l'estran ou collent leurs yeux aux oculaires d'un microscope et découvrent la richesse et la beauté de la biodiversité marine. Une invitation à prendre le large...

Si la Flotte Océanographique Française (FOF) est souvent mise en avant pour ses navires hauturiers, les navires côtiers, et avant tout les navires de station[9], jouent un rôle essentiel dans la formation des étudiants lors de stages sur site. Actuellement, en incluant *La Korrigane* du Muséum national d'Histoire naturelle à Dinard, huit navires sont en activité et basés à Boulogne, Roscoff, Brest, Arcachon, Banyuls, Marseille et Villefranche. Ces navires permettent de mener des journées de formation directement *in situ*, ce qui est essentiel pour appréhender les techniques d'échantillonnage et d'analyse en les pratiquant.

9. https://www.flotteoceanographique.fr/Nos-moyens/Navires-engins-et-equipements-mobiles

Les « Universités flottantes » représentent une autre opportunité : occasion unique d'emmener des groupes d'une douzaine d'étudiants durant quelques semaines afin de découvrir le déroulement d'une campagne en haute mer et les instruments scientifiques associés. La prospective toute récente de la FOF[10] met en avant cet aspect fondamental de ses activités en complément de la recherche et de l'observation. Mais ces universités flottantes sont encore trop rares (une à deux fois par an au mieux) et ne bénéficient qu'à un nombre réduit d'étudiants car elles sont contraintes par les places restant disponibles sur des campagnes de recherche programmées sur les plus grands navires, le *Pourquoi Pas?* ou le *Marion Dufresne*.

C'est pourquoi la prospective propose de nouvelles approches pour renforcer l'utilisation des moyens de la flotte à des fins pédagogiques, comme la valorisation des transits de navires ou le développement de dispositifs de télé-présence. Ces propositions, si elles étaient — ou quand elles seront — mises en œuvre, permettraient de démocratiser l'accès à une formation pratique en mer, tout en favorisant une meilleure intégration des étudiants aux réalités du terrain et aux défis scientifiques de demain. Enfin, il faut être prêts à saisir des occasions lorsqu'elles se présentent en profitant de navires d'opportunité : un grand nombre d'étudiants ont par exemple bénéficié d'embarquements sur la goélette *Tara* lors de ses tours du monde (voir le chapitre de Romain Troublé), ou, plus surprenant, sur des navires militaires (voir l'encadré Mission Bougainville).

10. https://www.ifremer.fr/sites/default/files/2025-06/05-livre-blanc-synthese-ecran.pdf

MISSION BOUGAINVILLE : UNE EXPÉRIENCE INSOLITE

Quand une université, une association et la Marine se retrouvent sur un projet commun, cela donne la Mission Bougainville, du nom du célèbre officier de marine et explorateur du XVIIIe siècle.

En 2020, Christophe Prazuck, ayant tout juste quitté sa fonction de chef d'état-major de la Marine nationale, prenait la direction de l'Institut de l'Océan de l'Alliance Sorbonne Université. Je lui ai alors parlé des objectifs de l'association *Plankton Planet*, fondée par mon collègue Colomban de Vargas, de réaliser des instruments simples et robustes (mais fiables) pour étudier le plancton marin tout autour du globe en confiant ces instruments à toutes sortes de marins, dont des plaisanciers. Fort de ses contacts, Christophe Prazuck a rallié la Marine à ce projet.

Et celle-ci a alors proposé d'engager de jeunes diplômés de master comme VOA (Volontaire Officier Aspirant) sur ses bâtiments outremer en leur confiant une mission

La seconde promotion 2024-25 de la Mission Bougainville, fraîchement émoulue de leur instruction à l'École navale, prête à embarquer avec Laurine, Romain, Émilie, Lucie, Caroline et Corentin. © Institut de l'Océan – Sorbonne Université et Marine Nationale.

Mettre la « main à la mer » et découvrir la beauté du plancton avec le microscope *Curiosity*: un succès garanti auprès des élèves. © Institut de l'Océan – Sorbonne Université et Marine Nationale

d'échantillonnage du plancton le long de leurs trajets. Et c'est ainsi que depuis 2023 de jeunes scientifiques, les VOA Biodiversité, s'engagent pour un an dans la Marine, avec un binôme à La Réunion, un autre en Nouvelle-Calédonie et le dernier en Polynésie française. La Mission Bougainville permet ainsi de perfectionner ces instruments frugaux tout en offrant à ces étudiants une expérience unique de navigation. La collecte de ces données, répétées d'année en année, s'avère précieuse car obtenues dans des eaux tropicales rarement visitées. Les premiers résultats scientifiques ne devraient pas tarder à confirmer le bien-fondé de la Mission Bougainville !

Quand ils ne sont pas en mer, nos VOA participent activement à la diffusion des connaissances auprès de publics variés, dans les écoles ou les institutions, ajoutant une composante sociale fort appréciable.

À bord du *Champlain*, Manon et Thomas, de la première promotion 2023-24, prélèvent du plancton dans le canal du Mozambique. © Institut de l'Océan – Sorbonne Université et Marine Nationale. https://mission-bougainville.fr

Des leçons à partager avec le monde entier

L'enseignement des sciences de la mer ne se limite évidemment pas à notre pays. Le partage des expériences pédagogiques menées à travers le monde doit nous permettre de progresser plus rapidement en rendant nos pratiques plus efficaces. C'est précisément le but que se sont fixé les universitaires récemment réunis à Nice lors du premier Forum international des Universités Marines[11]. Ses premières recommandations, réunies dans une déclaration adressée aux membres de l'UNOC (*United Nations Ocean Conference*), recouvrent les divers aspects évoqués ci-dessus:

- Développer une approche interdisciplinaire des sciences de la mer;
- Renforcer le dialogue entre les universités et les acteurs socio-économiques;
- Développer et promouvoir une littératie des océans pour tous;
- Structurer un réseau international d'universités marines.

L'océan, bien commun de l'humanité, mérite bien un tel appel à une action globale et concertée pour faire de l'éducation aux sciences de la mer un pilier fondamental du développement durable et de la conservation du milieu marin.

Post-scriptum

Texte écrit avec 100 % d'intelligence naturelle !

11. https://www.universites-marines.fr/actualite/1st-international-forum-marine-universities-june-7th-nice

François Lallier

Professeur de biologie à Sorbonne Université, en poste à la Station biologique de Roscoff, François Lallier a été coordinateur du Réseau des Universités Marines ces six dernières années et vice-président de l'European Marine Board depuis 2022. Spécialiste de la biologie des animaux abyssaux, il est Ambassadeur France 2030 pour les Grands Fonds Marins. Il participe toujours activement aux divers projets de l'Institut de l'Océan de l'Alliance Sorbonne Université.

Observer l'océan depuis l'espace

L'espace, un pilier majeur de l'océanographie

L'espace offre une perspective unique pour observer, comprendre et suivre notre océan. Analyser sa dynamique et son évolution est aujourd'hui indispensable pour en assurer la protection et l'exploitation durable. L'observation spatiale répond à des enjeux scientifiques, environnementaux et stratégiques. L'engagement de la France, du CNES et de la communauté scientifique dans l'océanographie spatiale s'inscrit dans un héritage national : puissance maritime disposant de la deuxième zone économique exclusive (ZEE) au monde – plus de 10 millions de km² – la France est devenue, dès les années 1960, une puissance spatiale reconnue. Aux côtés de la défense de notre souveraineté et de notre autonomie d'action, la recherche scientifique a toujours été un pilier de notre politique spatiale.

Pendant des siècles, l'observation en mer a reposé sur des données *in situ*, collectées lors d'expéditions ou via des marégraphes. Dès les années 1970, sous l'impulsion de Michel Lefebvre, le CNES initie une dynamique mondiale autour de l'océanographie spatiale. Les premières démonstrations, puis des projets d'envergure, ont fait de l'altimétrie spatiale – la mesure de la hauteur de l'océan depuis l'espace – un domaine d'excellence français, en lien étroit avec les laboratoires et l'industrie. Depuis, notre capacité d'innovation a permis de concevoir des instruments toujours plus complexes pour étudier des paramètres comme les vagues ou la salinité. Ces outils, qui complètent les observations historiques, sont devenus essentiels à la recherche. Aujourd'hui, l'océanographie spatiale soutient de nombreuses applications utiles à tous les acteurs de la mer pour planifier leurs activités, au service de l'intérêt général.

L'espace est devenu le plus vaste observatoire de l'océan. Il permet de l'étudier à l'échelle du globe, tout en révélant ses spécificités régionales. Grâce aux satellites, nous perçons les mystères des courants marins, contribuons à la protection de la biodiversité, et surveillons l'impact des activités humaines et du changement climatique. Particulièrement affecté par ce dernier, l'océan est au cœur de nos projets d'observation de la Terre, essentiels pour suivre le dérèglement et accompagner les adaptations nécessaires. Depuis l'espace, nous détectons les températures de surface, leurs variations, la hausse continue du niveau de la mer, ou encore son acidification liée à l'absorption de CO_2, ainsi que son niveau de salinité.

Premier régulateur du climat, l'océan emmagasine, transporte et redistribue d'énormes quantités de chaleur : il a absorbé à lui seul 93 % de l'excès thermique dû aux activités humaines. Les observations satellitaires montrent que la montée des eaux s'accélère, de manière inégale selon les régions. Au niveau mondial, le niveau moyen des mers a augmenté de 10 cm depuis 1993, soit autant qu'entre 1900 et 1993. En France, les écarts peuvent aller du simple au double entre la métropole et les territoires ultramarins.

Ces données proviennent d'altimètres embarqués sur des satellites. Ils émettent un signal radar qui se réfléchit sur la surface de l'eau ; le temps mis pour revenir permet d'en mesurer la hauteur.

L'observation spatiale de l'océan est également précieuse pour la météorologie, la prévention des catastrophes naturelles et la gestion des urgences. Le cyclone Chido, qui a frappé Mayotte en décembre 2024 avec des vents jusqu'à 220 km/h, a démontré les

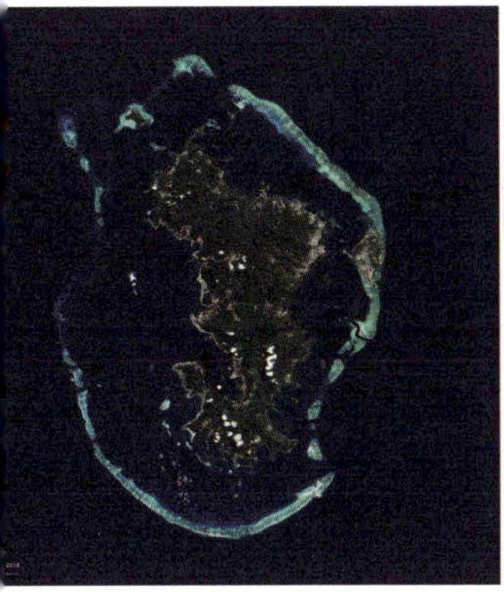

Mayotte vue par le satellite Pléiades. © CNES/Distribution Airbus DS, 2018

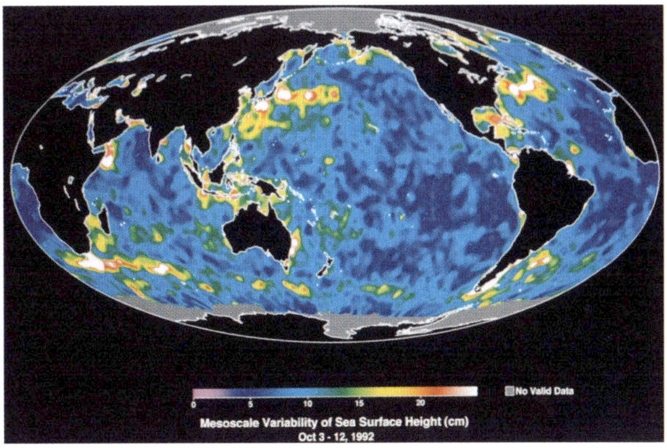

Résultats de Topex-Poseïdon.
© CNES/CLS Space Oceanography Group/, 1992

apports concrets de l'observation spatiale. Le service Copernicus de gestion des urgences, mis en œuvre par la Commission européenne et soutenu par le CNES, a été activé par les autorités françaises. Les satellites Pléiades ont fourni des images détaillées sur terre et en mer, utilisées par les équipes d'intervention. Ces données sont le fruit de travaux lancés il y a plusieurs décennies, en France et en Europe.

L'océanographie spatiale, pilier historique de nos projets d'observation de la Terre et d'innovation technologique

Il est utile de revenir brièvement sur les grandes étapes de l'océanographie spatiale, dont les avancées ont souvent dépassé nos espérances et conduit à des découvertes majeures.

Lancé en 1992 sur Ariane 4 et développé en coopération avec la NASA, le satellite Topex/Poseidon a permis, pendant treize ans, de « topographier » l'océan avec une précision inédite. À l'échelle planétaire, ses instruments ont livré des mesures détaillées du niveau de la mer, améliorant la compréhension des dynamiques océaniques comme le phénomène El Niño et leurs liens avec le climat. L'altimètre Poséidon, conçu par le CNES, a prouvé son efficacité et inspiré la série de satellites Jason, lancés en 2001,

Illustration du satellite SMOS. © ESA/AOES Medialab/, 2010

2008 et 2016, pour étudier les courants marins, éléments clés du climat mondial. Ces missions nous ont permis d'assurer la continuité de notre système d'altimétrie spatiale.

Le CNES a également développé, avec l'Agence spatiale européenne (ESA) et le Centre pour le Développement Industriel et Technique (Espagne), la mission SMOS (*Soil Moisture and Ocean Salinity*), lancée en 2009. Elle permet de mesurer la salinité de l'océan en tous points et d'en tirer des informations sur les courants et la météorologie.

Les objectifs des satellites Jason ont été repris par la Commission européenne dans le cadre du programme Copernicus. Les satellites Sentinel, dont trois (bientôt quatre) contribuent à l'observation de l'océan, abondent et enrichissent nos modèles.

Dès la fin des années 2000, le CNES et la NASA ont posé les bases de la mission SWOT (*Surface Water Ocean Topography*), satellite révolutionnaire lancé en décembre 2022 après quinze années de développement. Véritable «*vaisseau amiral*» de la coopération franco-américaine, SWOT cartographie l'ensemble de l'océan et des eaux de surface (lacs, rivières) avec une résolution inédite.

Illustration du satellite SWOT. © CNES/Mira Productions, 2022

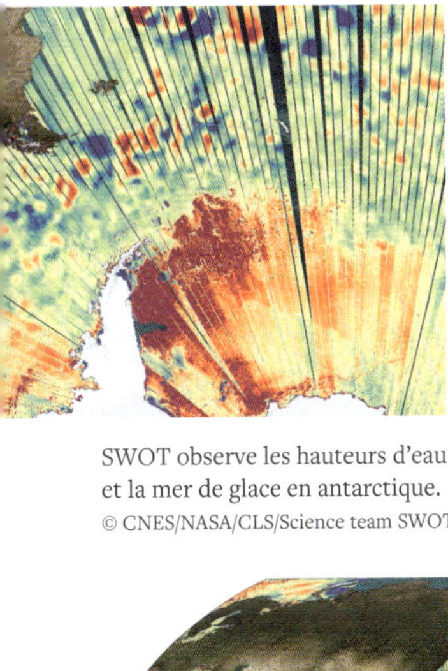

SWOT observe les hauteurs d'eau et la mer de glace en antarctique.
© CNES/NASA/CLS/Science team SWOT

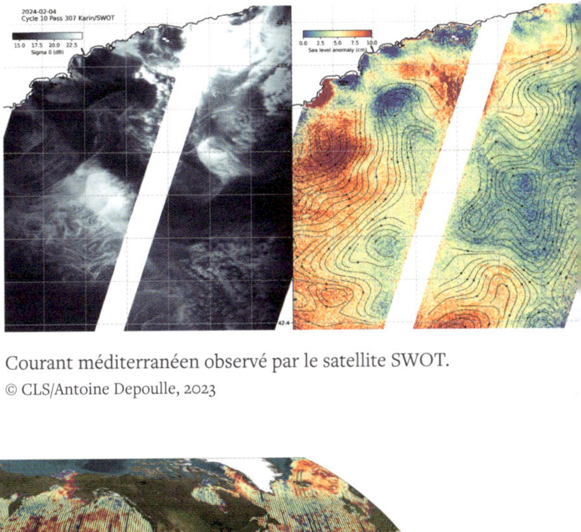

Courant méditerranéen observé par le satellite SWOT.
© CLS/Antoine Depoulle, 2023

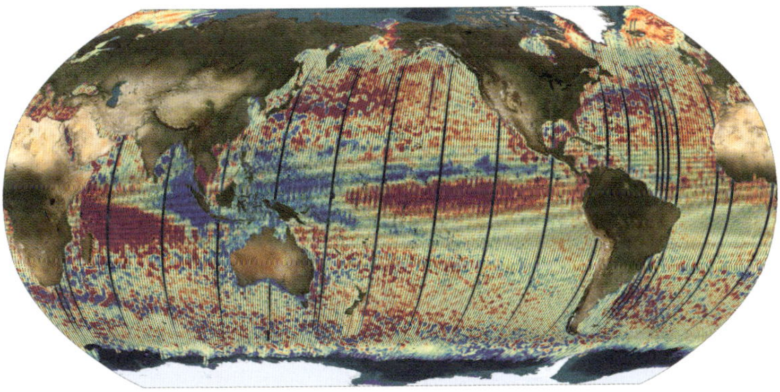

Topographie océanique mesurée par le satellite SWOT. © CNES/, 2023

Son instrument principal, le Ka-band Radar Interferometer (KaRIn), marque une rupture technologique : il permet des mesures très précises sur une bande de 120 km de large – les radars précédents couvraient une « fauchée » de quelques kilomètres auparavant. SWOT est en mesure d'observer les tourbillons océaniques, souvent de petite taille, d'étudier la circulation côtière, de caractériser les courants et d'affiner les modèles. En collaboration avec le *Jet Propulsion Laboratory* (JPL) de la NASA, SWOT nous permet des mesures d'une résolution formidable, à l'échelle du kilomètre.

L'observation de l'océan : source d'applications au service de l'ensemble des secteurs

Cette activité est devenue essentielle bien au-delà de la seule sphère scientifique. Elle bénéficie à tous les secteurs maritimes – économiques, environnementaux, militaires ou stratégiques. En complément des observations *in situ*, les données satellitaires renforcent nos capacités dans la surveillance maritime sous toutes ses formes.

Des acteurs français comme Unseenlabs, spécialisée dans l'observation radiofréquence, Collecte Localisation Satellites (CLS), filiale du CNES développant de nombreux services, ou encore Kineis, qui a récemment complété sa constellation de 25 nanosatellites, illustrent la richesse de cet écosystème.

Ces données sont précieuses en matière de sécurité et de défense. Dans un contexte international marqué par la montée des tensions, que ce soit au large des côtes ukrainiennes, dans le détroit de Bab el-Mandeb ou en haute mer, la surveillance maritime par satellite est devenue un outil stratégique majeur. Qu'il s'agisse de lutter contre la piraterie ou de suivre les zones à risques, le spatial renforce nos dispositifs de sécurité.

Sur le plan civil, l'observation spatiale optimise le transport maritime en permettant aux navires de mieux planifier leurs itinéraires, grâce à une connaissance fine des tourbillons et courants. Cela réduit l'empreinte carbone tout en limitant les coûts. Les données issues de satellites appuient également la lutte contre la pêche illégale, dans les ZEE comme dans les aires marines protégées. Le CNES travaille en ce sens avec le ministère chargé de la Mer, notamment dans l'océan Indien, au large des Terres australes et antarctiques françaises et en Guyane. Observer l'océan nous permet également d'augmenter l'efficacité des pêches, tout en limitant leurs impacts – CLS a en ce sens développé un service pour limiter les captures accidentelles de dauphins dans le golfe de Gascogne.

Autre avancée : le système Argos, développé dès la fin des années 1970 par le CNES, la NASA et la NOAA, rejoint ensuite par EUMETSAT et l'agence spatiale indienne (ISRO). D'abord utilisé pour la sécurité en mer (voiliers, balises sur bouées), il sert aujourd'hui au suivi de la faune marine : tortues, manchots, phoques... Plus de 14000 balises actives sont désormais exploitées par Kineis, filiale de CLS et du CNES, pour collecter des données sur la localisation et l'environnement des espèces suivies.

Grâce à l'initiative Connect by CNES, en lien avec le Cluster Maritime Français (CMF), le GICAN et les pouvoirs publics,

Bouée du système de localisation Argos.
© CNES

Tortue Ovalie équipée d'une balise Argos.
© CLS Argos/CNES/CAUQUIL Alain, 2007

l'écosystème maritime français voit émerger de nombreux projets innovants croisant spatial et économie bleue. Ces derniers mobilisent les données collectées en métropole et en outre-mer, notamment au profit de la Stratégie nationale de gestion intégrée du trait de côte (SNGITC) et du Réseau national des observatoires du trait de côte (RNOTC).

La coopération internationale, au cœur de nos objectifs de conservation de l'océan

Le programme Copernicus, lancé à la fin des années 1990 et piloté par la Commission européenne, repose sur l'expertise de l'ESA, des États membres et de l'Agence spatiale de l'Union européenne (créée en 2021). Il fournit des données d'observation de la Terre pour des usages environnementaux et climatiques. La composante marine de Copernicus – Copernicus Marine Service – regroupe des projets centrés sur la température de l'océan, le niveau de la mer, à l'échelle régionale et mondiale.

Copernicus intègre les données des satellites Sentinel, celles de partenaires industriels et les mesures *in-situ*. Ces informations sont ensuite mises à disposition des utilisateurs, librement et gratuitement.

EUMETSAT, organisation indépendante de l'UE spécialisée dans les satellites météorologiques, complète cette offre avec Meteosat (températures de surface océaniques, toutes les heures) et Metop (données sur les vents de surface, surveillance des glaces de mer).

Pour autant, ces efforts, bien que structurants, doivent être décuplés. Une mobilisation plus large, au-delà de nos coopérations et projets actuels, est nécessaire pour répondre aux enjeux de préservation, de protection et de conservation de l'océan. Une coordination renforcée entre agences spatiales, monde scientifique et acteurs privés est essentielle pour développer des outils opérationnels face aux défis océaniques. Cela passe par une meilleure intégration des données satellitaires et in situ, leur harmonisation, et le soutien aux modèles et applications adaptés.

Renforcer la coopération entre le spatial et les multiples parties prenantes – institutions publiques, organisations multilatérales, entreprises, gestionnaires d'aires marines protégées, laboratoires, décideurs – est indispensable pour développer des services utiles à tous les niveaux. Nos outre-mer jouent un rôle central : ils représentent 97 % de notre ZEE et sont voisins de nombreux États insulaires, souvent en première ligne.

Si certaines applications sont désormais bien établies (suivi des températures, du niveau de la mer, de l'acidification), d'autres restent à démocratiser. Des indicateurs restent à développer pour mieux évaluer la santé des milieux marins, à différentes échelles : locale, régionale et globale. Ces outils doivent aider les pouvoirs publics à prendre des décisions éclairées.

Par cette mobilisation mondiale, nous aurons les moyens de soutenir une économie bleue durable, d'améliorer la gestion des zones côtières et de renforcer la protection de la biodiversité marine.

Poursuivre notre ambition, au service de la science et de l'ensemble des secteurs

Alors que le spatial prend une place croissante dans notre quotidien, ses apports à l'océanographie et aux activités maritimes sont majeurs. Le CNES entend poursuivre son engagement, en collaboration avec l'ESA et ses partenaires européens et internationaux. Nos priorités ont été définies lors du séminaire de prospective scientifique 2024, qui fixe notre feuille de route pour les cinq prochaines années, en appui à la recherche française.

Plusieurs missions sont en développement ou en cours de conception. Elles porteront sur l'étude des zones côtières et de l'océan hauturier, autour de thématiques clés comme les courants marins et la salinité. À travers l'initiative Connect by CNES, nous continuerons de déployer une stratégie adaptée aux besoins des décideurs publics et à la planification durable des activités maritimes.

Observer l'océan depuis l'espace, c'est mettre la technologie au service du bien commun. Cela soutient le développement d'une économie bleue durable, améliore la gestion des zones côtières, renforce la protection de la biodiversité et participe à la conservation des milieux marins.

Demain, grâce à ces missions ambitieuses, le spatial continuera de servir la mer et ceux qui en vivent. Un principe guide notre action : l'avenir de l'océan dépend de notre capacité à mieux l'observer, pour mieux le préserver.

Lionel Suchet

Polytechnicien et Ingénieur Général de l'Armement, Lionel Suchet est Directeur général délégué du CNES ; il en a assuré la présidence par intérim entre janvier et mai 2025. Il consacre ses quinze premières années au CNES au vol habité, occupe plusieurs postes de direction et crée en 2016 la Direction de l'Innovation, des Applications et de la Science, afin d'ouvrir le secteur spatial à l'ensemble des utilisateurs potentiels.

Chapitre 4

• • •

EXPLORER, RACONTER ET IMAGINER L'AVENIR AVEC L'OCÉAN

Construire un océan en commun

Ce texte est tiré du Manifeste Un océan en commun, *paru aux éditions du Muséum national d'Histoire naturelle en novembre 2024, fruit d'une approche pluridisciplinaire qui a vocation à mobiliser les sciences naturelles aussi bien que les sciences humaines et sociales pour constituer un socle de connaissances partagées sur l'océan et dessiner des perspectives pour un avenir souhaitable, équitable et durable*[1].

Une planète bleue sous pression

Vue de l'espace, la terre est une «planète bleue», les mers couvrant plus de 70 % de sa surface. Une image poétique qui masque les dégradations que ces milieux subissent malgré une prise de conscience de leur fragilité actuelle. Depuis 1981, la grande barrière de corail australienne est inscrite au patrimoine mondial, pour la diversité de ses habitats et espèces. Moins spectaculaires peut-être, mais tout aussi importants pour la biodiversité, les herbiers de posidonies de Méditerranée font l'objet d'une protection accrue depuis 2020. Les aires marines gérées par les populations locales se multiplient et, en 2012, les premières aires marines éducatives, qui engagent des élèves à gérer une zone littorale de petite taille, ont été inventées aux îles Marquises en Polynésie française.

1. En plus des 3 co-auteurs, le Comité éditorial du Manifeste *Un océan en commun* est composé de Philippe Béarez, Marie Bonnin, Bruno David, Sophie-Dorothée Duron, Daniel Faget, Christian Grataloup, Guillaume Massé et Olivier Thébaud. Merci à eux de nous avoir permis d'utiliser des parties de ce texte dans le présent ouvrage.

Face à ces enjeux, les Nations unies ont déclaré les années 2020-2030 « Décennie des sciences océaniques pour le développement durable ». En 2025 s'est tenue la troisième Conférence des Nations unies sur l'Océan (UNOC 2025), organisée par la France et le Costa Rica. Les ratifications par les États du traité international pour la protection de la haute mer et de la biodiversité marine (BBNJ, pour *Biodiversity Beyond National Jurisdiction*) avancent. En octobre 2021, deux petits États insulaires, Antigua-et-Barbuda et Tuvalu, suivis par d'autres, ont été à l'initiative d'une résolution adoptée le 29 mars 2023 par l'Assemblée générale des Nations unies, demandant à la Cour internationale de justice de rendre un avis sur les obligations des États à l'égard du changement climatique. Le 21 mai 2024, le Tribunal international du droit de la mer (TIDM) a estimé que les États parties à la Convention internationale de Montego Bay ont l'obligation de prévenir, réduire et maîtriser la pollution marine résultant des émissions de gaz à effet de serre.

La dégradation des milieux marins engage en effet notre responsabilité commune, vis-à-vis des générations futures, mais aussi entre pays, certains étant davantage à l'origine des dégradations, alors que d'autres les subissent. Il s'agit donc aussi d'une question de justice environnementale, qui implique de considérer l'océan dans son unicité pour le protéger, tout en prenant en compte la diversité des écosystèmes que ce terme recouvre, autant que la pluralité des rapports que les sociétés humaines entretiennent avec lui.

Liberté et exploitation des ressources

De la bande littorale à la haute mer, le principe de liberté demeure aujourd'hui un principe revendiqué par de nombreux acteurs, publics comme privés, dans les débats touchant à l'encadrement des activités maritimes. Pourtant, cette liberté rencontre des limites quand elle concerne l'exploitation de ressources

La pêche de la morue est emblématique du développement de la pêche hauturière spécialisée : à partir du XVIIIe siècle, des navires français vont de plus en plus loin dans les mers du Nord pour pêcher en grande quantité des poissons qui seront préparés et conservés.
Angélique Moitte, « Morues », L. H. de La Marre, Henri-Louis Duhamel Du Monceau, *Traité général des pesches et histoire des poissons qu'elles fournissent...*, 1769, pl. 9.

communes, comme l'illustrent les pêches maritimes. Les stocks halieutiques constituent en effet des ressources renouvelables communes, à la fois indivises (il est difficile d'en limiter l'accès a priori), et d'utilisation rivale (toute extraction implique une moindre disponibilité de la ressource pour les autres exploitants).

La production de chacun dépend donc non seulement de son propre effort de pêche, mais aussi (négativement) de celui des autres, ce phénomène étant d'autant plus sensible que la ressource est rare. La liberté d'accès peut alors induire une «course au poisson», génératrice de surcapacités de pêche, de pertes économiques, de conflits et, à terme, d'une surexploitation des ressources. Encouragé par la course aux profits, le progrès technique, en augmentant la productivité de l'exploitation, peut aggraver le problème, en accélérant la course et les impacts collectifs négatifs des décisions individuelles d'exploitation. L'histoire de l'exploitation baleinière en Antarctique ou celle du stock de morues sur les bancs de Terre-Neuve illustrent l'ampleur qu'ont pu prendre ces phénomènes de surexploitation des ressources halieutiques à partir de la deuxième moitié du XXe siècle. En 2024, l'Organisation des Nations unies pour l'alimentation et l'agriculture (FAO) estimait à 162,5 millions de tonnes la consommation annuelle de produits aquatiques (algues exclues) dans le monde. Et si l'aquaculture assume une part croissante de cette consommation (51 % en 2022), il faut rappeler qu'elle exerce elle-même une forte pression sur les ressources halieutiques, via la pêche «minotière», c'est-à-dire pour la production de farine et d'huiles de poissons afin d'alimenter les poissons d'élevage.

Une nécessaire gestion en commun

Face à ces difficultés, les sociétés humaines ont, de longue date, cherché à établir des règles pour encadrer l'accès aux ressources halieutiques, au niveau local comme international. En France, les prud'homies méditerranéennes[2] en sont l'un des plus anciens exemples historiques. Plus récemment, comme dans beaucoup d'autres régions du monde, la gestion des pêches s'est progressivement construite sur deux piliers : la définition de mesures de conservation limitant les impacts de la pêche sur les stocks (par exemple, la détermination d'un total admissible de captures, TAC), et la définition de mesures de régulation de l'accès (la répartition de fractions de ce TAC entre exploitants sous forme de quotas).

La première catégorie de mesures vise à fixer un niveau auquel les ressources halieutiques doivent être exploitées, en fonction d'objectifs de société. En allouant à l'avance à chacun une part de ces possibilités de pêche, la seconde vise à limiter la course au poisson qui résulterait de la volonté de prélever le plus possible avant que la limite de conservation ne soit atteinte et la pêche fermée. Cette course peut en effet déboucher sur un excès de capacités de pêche, pesant sur les objectifs de conservation.

Dans bien des cas, l'adoption de ces règles collectives a nécessité une coopération internationale. La mise en place, au milieu des années 1980, d'une politique commune de la pêche (PCP) par les pays de l'Union européenne, s'appuyant sur une gestion commune des ressources halieutiques présentes dans leurs ZEE, en est un très bon exemple. Mais de nombreuses organisations régionales de gestion des pêches (ORGP) travaillent aujourd'hui dans le monde à l'élaboration de règles communes d'exploitation des ressources halieutiques mondiales.

Une responsabilité collective

De nombreuses ressources océaniques peuvent être considérées comme communes (ressources minérales et biologiques de la

---

2. Communautés de patrons pêcheurs nées en France au Moyen-Âge sur les côtés de Provence.

La chasse à la baleine est un exemple intéressant : en situation de surpêche et parfois en situation de raréfaction au XIXe siècle, l'animal a vu sa population décroître fortement. Aujourd'hui, des politiques de protection sont mises en œuvre par certains pays européens notamment. En outre le tourisme consacré à l'observation des baleines (le *whale watching*) se développe et devient parfois presque plus rentable que l'activité de chasse baleinière.
Achille Valenciennes, *Quatorze dessins chinois (gravés) de cétacés et concernant la pêche de ces animaux dans les mers de la Chine*, XVIIIe-XIXe siècles. © Muséum national d'histoire naturelle.

haute mer, espaces côtiers pour les activités récréatives, zones de circulation…), et leur exploitation soulève les mêmes enjeux que celle des ressources halieutiques. Leur gestion collective, incontournable pour éviter les impasses du libre accès, doit donc affronter un premier grand défi : celui de fixer les limites d'une exploitation ou utilisation qui vise à préserver les capacités de l'océan à fournir les biens et services jugés indispensables au développement humain.

Un second grand défi est de mettre en place les conditions d'accès aux possibilités ainsi définies d'exploiter les espaces, ressources et services rendus par les écosystèmes marins. Ce second défi soulève deux séries de questions épineuses : la première porte sur les modalités d'attribution initiale, puis de réallocation des possibilités d'exploitation entre différents usagers ou groupes d'usagers ; la seconde concerne les modalités de répartition des bénéfices retirés de l'exploitation par les usagers auxquels un accès aura été autorisé. Étant donné la multiplication et la diversification des activités maritimes et littorales, cette gestion doit se mettre en place avec un nombre croissant d'acteurs, aux relations et aux systèmes de valeurs attachés à l'océan potentiellement très différents, à l'interface d'un nombre croissant de compartiments écologiques et de juridictions multiples, ce qui enrichit et accroît la complexité de cette gestion.

État des lieux des réglementations internationales et nationales

Force est de constater que, depuis une cinquantaine d'années, le droit de la mer – qu'il soit public, environnemental ou privé – ne cesse de s'étoffer. Généralement, cela fait suite à des catastrophes majeures. Ainsi, c'est à la marée noire due au naufrage du *Torrey Canyon* en 1967 que nous devons la convention internationale de Montego Bay sur le droit de la mer de 1982. Cette convention dresse les responsabilités des États dans l'exploitation et la gestion de leurs ZEE, définies à cette date et pour la première fois à 200 milles des côtes. D'autres conventions internationales sont venues renforcer les modalités de gestion et de partage des océans (Convention de Rio sur la diversité biologique, Convention-cadre des Nations unies sur les changements climatiques, etc.). Elles ont été complétées en parallèle par des conventions de mers régionales, mais aussi par des accords ou conventions sectoriels dans tous les domaines maritimes.

À titre d'exemple, il convient de citer les conventions de l'Organisation maritime internationale (OMI) sur la sécurisation du transport maritime, les travaux de la FAO ou des organisations régionales de gestion des pêches, comme évoqué plus haut. Ces conventions transversales et sectorielles ont été déclinées, ou ont inspiré de façon inégale, les droits nationaux des différents États parties.

Cependant, face à la gravité des enjeux, deux grandes tendances s'observent. D'une part, la volonté d'intégrer les différents cadres de régulation, car certains se contredisent. d'autre part, celle de compléter les cadres juridiques existants pour rehausser la régulation des impacts anthropiques.

Cette volonté d'intégration est très récente. Depuis une dizaine d'années, l'essor des politiques maritimes intégrées et l'augmentation des démarches de planification spatiale maritime en témoignent. Par ailleurs, l'Union européenne met en place des stratégies pour pouvoir croiser les enjeux de développement économique, de maintien du bon état écologique et de transition énergétique. Ces ambitions sont soutenues par la France, qui a adopté par décret sa Stratégie nationale pour la mer et le littoral 2024-2030.

Cette volonté d'intégration se traduit également dans les sciences du développement: des outils et approches transdisciplinaires sont mis en place pour comprendre des phénomènes complexes et proposer des solutions qui pourraient être prises en compte dans les politiques publiques ou les stratégies industrielles.

À côté de cette volonté d'intégration se déploie une réflexion autour des modalités de renforcement du droit de l'environnement en mer: le traité BBNJ vient d'être ratifié, avec pour objectif de permettre un accès équitable aux ressources génétiques marines dans les eaux internationales et un partage juste en cas de commercialisation des produits. C'est un accord historique qui permet d'offrir un cadre juridique pour la haute mer (soit 70 % de la couverture océanique), en complément de la régulation offerte par Montego bay dans les ZEE des États côtiers. Les choix collectifs d'exploitation ou de protection de l'environnement marin se retrouvent en droit international. En effet, celui-ci, conscient de l'urgence écologique, s'est enrichi d'un corpus de conventions dédiées à la sauvegarde de l'environnement marin. Ces traités, autrefois sectoriels et éparpillés, convergent désormais vers une approche plus holistique, cherchant à appréhender l'océan dans toute sa complexité.

Les premières réglementations, centrées sur la pêche ou le commerce de certaines espèces, ont progressivement cédé la place à des textes plus ambitieux, embrassant des écosystèmes entiers. L'objectif? Tendre vers une harmonisation du droit de l'environnement marin, même si l'unification reste un horizon lointain. Les conventions sur les mers régionales, telles que la Convention de Barcelone pour la Méditerranée, illustrent cette dynamique, établissant des objectifs de protection partagés par les États d'une même région.

Ces avancées, bien que significatives, ne sont qu'une partie de l'équation. La question se pose désormais de savoir si l'océan lui-même pourrait être consacré comme une entité juridique distincte. Une telle reconnaissance pourrait-elle renforcer la protection de cet environnement essentiel et influencer de manière constructive la gouvernance de cet écosystème complexe? C'est dans ce contexte que se déploie le débat sur l'océan, envisagé non seulement comme un patrimoine à préserver, mais aussi comme un potentiel sujet de droit, ouvrant ainsi la voie à de nouvelles perspectives en matière de protection environnementale.

L'océan, patrimoine commun de l'humanité: vers une gouvernance universelle

Dans la quête d'une gestion équitable des ressources planétaires, l'océan émerge comme un bien commun de l'humanité, un trésor collectif dont la préservation incombe à la communauté internationale tout entière. Cette vision, qui s'inscrit dans la continuité des «choses communes» des sciences juridiques et des «biens communs» des théories économiques, appelle à une gouvernance océanique universelle, transcendant les frontières pour protéger ce qui est vital pour notre planète et ses habitants.

La distinction entre le patrimoine « mondial », abritant des sites d'exception sous souveraineté nationale, et le patrimoine « commun », relevant d'éléments d'intérêt global, est cruciale. L'Unesco, par sa convention, a institutionnalisé la notion de « Patrimoine mondial », englobant des sites comme la Grande Barrière de corail. Cependant, l'océan, dans son immensité, n'est pas classé ainsi, bien que certaines zones soient protégées. Le patrimoine commun de l'humanité, tel que défini par Alexandre Kiss, et plus récemment par Judith Rochfeld, Gilles Martin et Marie Cornu, échappe à la souveraineté nationale et requiert une gestion collective. Cette notion, appliquée à la Lune, aux corps célestes et aux fonds marins, souligne l'importance de l'héritage transmis et des valeurs identitaires fondatrices de la cohésion sociale.

Le récent traité BBNJ reconnaît le principe du patrimoine commun, mais la terminologie reste anthropocentrique, axée sur l'utilité pour l'humain. Une évolution vers la reconnaissance d'un patrimoine commun des êtres vivants, affirmant ainsi la valeur intrinsèque de l'océan au-delà de son utilité humaine, pourrait constituer une nouvelle piste pour la prise en compte des enjeux de protection du fonctionnement de l'océan et de la biodiversité qu'il abrite.

Vers une personnalité juridique de l'océan: un défi pour le droit international

L'idée d'octroyer une personnalité juridique à l'océan s'inscrit dans une démarche innovante et audacieuse, reflétant une évolution du droit qui tend à reconnaître des droits à la nature elle-même. Inspirée par des précédents comme le fleuve Whanganui en Nouvelle-Zélande et les fleuves Gange et Yamuna en Inde, cette approche soulève néanmoins des défis de taille en raison de la multiplicité des juridictions étatiques concernées. L'océan, bien que réglementé de manière hétérogène, pourrait bénéficier d'une telle reconnaissance pour faire face aux menaces environnementales croissantes.

Cependant, l'attribution d'une personnalité morale à l'océan, bien que séduisante sur le plan philosophique, se heurte à des obstacles pratiques majeurs. Dans le système juridique occidental, une telle personnalité est généralement réservée aux sociétés et organisations. L'extension de ce statut à l'océan exigerait une coopération internationale sans précédent pour définir et gérer ses droits et devoirs. En somme, l'attribution d'une personnalité juridique à l'océan représente une idée révolutionnaire qui pourrait transformer la protection de l'environnement. Toutefois, sa mise en œuvre demeure complexe et nécessite une réflexion approfondie dans les domaines du droit et de l'éthique environnementale.

***

Nous n'avons qu'un océan, origine et source de vie, support de nombreux services écosystémiques, vecteur d'échanges et de communications, et maillon clé des dynamiques climatiques de notre planète. Toutefois, son fonctionnement, ainsi que la biodiversité qu'il abrite, sont gravement mis en péril par les activités humaines. Ceci nous confère une responsabilité collective afin de transmettre un océan en bonne santé aux générations futures.

Dès lors, il s'agit de s'entendre sur les moyens de gouverner en commun l'occupation des espaces maritimes et la gestion des ressources, mais aussi de réguler plus largement l'ensemble des activités qui impactent l'océan. Cette gouvernance ne peut s'envisager que dans une perspective intégrée, tenant compte de la diversité des relations à la mer, du niveau local au niveau international. Elle doit s'appuyer sur les progrès des connaissances issues des recherches conduites dans tous les domaines des sciences de la nature, des sciences de l'homme et des sciences sociales. À l'heure où les pressions sur les socio-écosystèmes marins se renforcent et où les changements s'accélèrent, cette responsabilité nous engage à agir sans attendre, à l'échelle collective comme individuelle, et à œuvrer pour forger une gouvernance de l'océan à la mesure de ces enjeux.

Gilles Bloch, Frédérique Chlous, Sylvie Dufour

Polytechnicien, médecin et chercheur en biophysique et en médecine, Gilles Bloch a exercé différentes fonctions au CEA avant de se voir confier la direction de la nouvelle Agence Nationale pour la Recherche (ANR) en 2005 puis la direction générale de la Recherche et de l'Innovation au Ministère de l'Enseignement supérieur et de la Recherche en 2006. Il préside de 2015 à 2018 l'Université Paris-Saclay puis l'INSERM de 2019 à 2023. Il est depuis septembre 2023 président du Muséum national d'Histoire naturelle.

Explorer, Partager

Le mot *explorer* ou *explorateur* est un terme chargé de rêves ; il raconte à lui seul la tradition des grands voyages de découverte et d'exploration, comme ceux menés par Louis-Antoine de Bougainville ou James Cook. En plein siècle des Lumières, ces expéditions autour du monde ont marqué un tournant. C'est d'ailleurs à cette époque – en 1718, plus exactement – que le terme « explorateur » fait son entrée dans le *Dictionnaire de l'Académie française*, une date qui ne doit rien au hasard.

Les premières campagnes d'exploration remontent à l'Antiquité, mais c'est au XVIIIe siècle que les marins-explorateurs ont commencé à embarquer des savants pour enrichir les

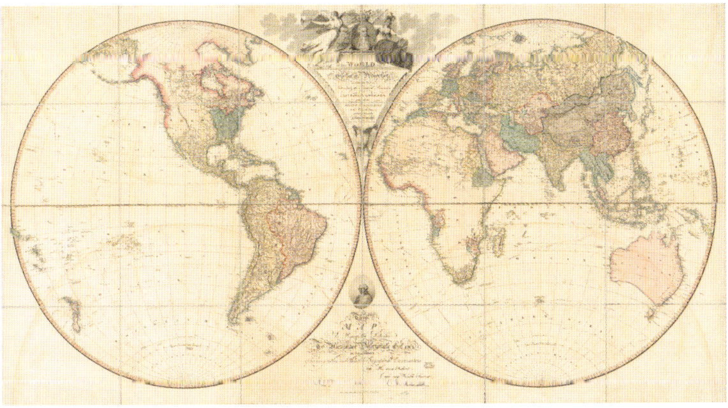

Cette carte du monde est réalisée avec une projection globulaire – autrefois courante pour les cartes murales. Elle expose les recherches nautiques du capitaine James Cook et ses découvertes. Arrowsmith, A., Foot, T. & Wigzell And Mozeen. (1799) *Map of the world on a globular projection, exhibiting particularly the nautical researches of Capn. James Cook, F.R.S. with all the recent discoveries to the present time.* ©Library of Congress.

connaissances. En France, Louis-Antoine de Bougainville a réalisé un tour du monde visant à développer le commerce et à reconnaître des terres propices à la fondation de colonies entre les tropiques. Bien que les découvertes géographiques de cette expédition aient marqué les esprits, les observations scientifiques en étaient encore à leurs prémices. Trois éminents savants accompagnaient Bougainville : l'ingénieur-cartographe Charles Routier de Romainville, l'astronome Pierre-Antoine Véron et le naturaliste Philibert Commerson, accompagné de son valet Jean Baret, qui n'était autre que sa maîtresse déguisée en homme.

Le récit de ce grand voyage a inspiré les philosophes encyclopédistes comme Diderot et a suscité l'intérêt des Anglais. Le navigateur James Cook a suivi les traces de Bougainville, et ses trois circumnavigations ont conduit à d'importantes avancées scientifiques. Ces explorateurs ont apporté un nouvel éclairage sur le monde connu et ont développé les connaissances en navigation, géographie, astronomie, ainsi que dans les sciences naturelles et humaines. Ces expéditions ont également donné lieu à des innovations techniques majeures comme le chronomètre, le compas, le télescope et le théodolite. La publication des récits de ces circumnavigations a enflammé les imaginaires et ouvert la voie à de nombreux autres aventuriers et découvreurs, dont Charles Darwin.

L'exploration ne se résume pas à découvrir de nouveaux territoires, mais à enrichir les connaissances et à éclairer le monde.

Embarqué sur le *Beagle* de 1831 à 1836, Darwin a recueilli des milliers d'organismes vivants et de fossiles, constituant une collection sans précédent qui a révélé de nombreux spécimens encore inconnus en Europe. Ces expéditions ont pavé la voie pour les grandes expéditions scientifiques, comme celle du HMS *Challenger*, entre décembre 1872 et mai 1876, l'une des plus importantes campagnes jamais réalisées. Avec 362 stations, 504 sondages, 133 dragages, 151 chalutages et plus de 8000 mesures de température en surface et en profondeur, la moisson de données collectées sur toutes les mers du globe a été pléthorique. La récolte d'animaux et la découverte de près de 5000 nouvelles espèces, dont certaines vivent à plus de 5500 mètres de fond, ont révélé que le monde des abysses est habité.

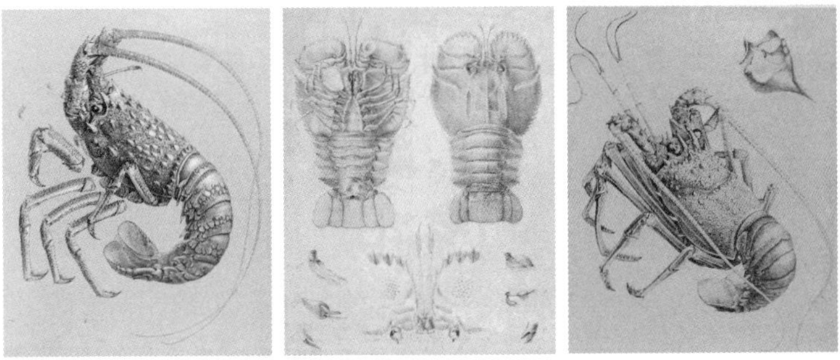

Extraits du *Rapport sur les résultats scientifiques du voyage du H.M.S.* Challenger *pendant les années 1873-76 sous le commandement du capitaine George S. Nares ... et de feu le capitaine Frank Tourle Thomson.* © The Biodiversity Heritage Library

La publication des découvertes du *Challenger* entre 1878 et 1895 a souligné l'urgence d'explorer les océans et leurs profondeurs, car les résultats obtenus en biologie étaient encore largement incomplets. Cette quête de savoir scientifique partagé s'est propagée à d'autres nations, qui ont organisé des campagnes de grande ampleur. Parmi elles, les 28 expéditions réalisées de 1885 à 1915 sous le patronage du prince Albert Ier de Monaco ont été fondatrices pour une science naissante : l'océanographie. L'impact de ces expéditions sur la connaissance a été majeur, bien que cela soit resté confidentiel pour la plupart de leurs contemporains.

Ces véritables aventures géographiques et scientifiques n'étaient pas partagées en direct comme aujourd'hui, mais après leur retour, à travers les récits des protagonistes et quelques conférences. Les expéditions de cette époque découvraient tellement de choses tangibles, comme des territoires ou de nouveaux comptoirs de commerce, qu'elles étaient finalement partagées après quelques années avec la société tout entière, bénéficiant à l'économie et à l'intérêt général de façon évidente.

Partager l'exploration, c'est transformer l'aventure individuelle en héritage collectif, en bien commun.

Plus tard, le commandant Cousteau s'est inscrit dans le sillage de ces marins-explorateurs pendant près de trente ans, en prenant le contre-pied assumé de la science. Les expéditions de la *Calypso* n'étaient pas tant scientifiques que cinématographiques, entièrement dédiées au partage d'un nouveau monde, le fameux « monde du silence » sous la surface de la mer. Les équipes du commandant ont passé leur existence à filmer sous l'eau aux quatre coins de la planète océan et à produire des centaines d'heures de documentaires pour la télévision couleur tout juste

Le commandant Cousteau en mars 1972 à La Haye pour une conférence.
Photo libre de droits. Archives des Pays-Bas. Anefo (Algemeen Nederlandsch Fotobureau)

émergente de l'époque. Cette odyssée a valu au commandant d'être l'un des Français les plus connus à l'étranger, jusqu'à l'arrivée des footballeurs, évidemment. Son impact sur la conscience collective de la présence d'un océan empli de biodiversité, d'animaux et de paysages insensés fut colossal, et on peut dire que tous les explorateurs d'aujourd'hui rêvent d'avoir un jour un tel impact. C'est véritablement historique.

Depuis, notre institut de recherche océanographique, l'Ifremer, a déployé dans le monde entier le savoir-faire français, nous faisant entrer dans le club très fermé des nations capables d'utiliser des sous-marins habités à plus de 6000 mètres de profondeur avec le *Nautile*. Les chercheurs bénéficient de la Flotte océanographique française, déployable dans toutes les régions de l'océan, sauf peut-être l'Arctique. Cette infrastructure est l'un des ingrédients majeurs de l'excellence de l'océanographie française. La science produite est sérieuse et impactante dans les revues scientifiques, mais, on peut le dire, elle reste inconnue du grand public. Nous maîtrisons ce qui se fait de mieux dans le domaine, mais notre institut n'a ni le mandat ni le budget pour déployer une véritable stratégie de communication et d'influence susceptible de partager l'aventure vécue au quotidien. C'est un constat commun de nombreux directeurs rencontrés depuis quinze ans, auquel s'ajoute le refus courant des chercheurs de laisser une place à un non-scientifique.

Si l'on compare avec l'aventure spatiale et l'impact de l'astronaute français Thomas Pesquet, on se rend compte que, finalement, le contenu des recherches scientifiques, tout à fait sérieuses, menées dans l'ISS est peu communiqué. En revanche, la personnification du récit l'emporte. Le parcours de Thomas, son aventure dans l'ISS et le fait qu'il «nous» photographie ont embarqué la majorité des Françaises et des Français. L'impact pour le spatial fut considérable. La popularité déclenchée a touché le monde politique et a, entre autres, permis de démultiplier les budgets de l'Agence spatiale européenne pour l'exploration.

Revenant à la mer, l'impact scientifique des expéditions océanographiques est évidemment indispensable au vu du coût et de la complexité de ces entreprises, mais il est loin de suffire pour embarquer la presse, les mécènes et autres partenaires indispensables dans ces aventures. Il faut oser raconter le quotidien, les bobos, les galères, comme les moments d'extase; toucher le sensible, savoir exprimer les émotions exacerbées dans ces environnements très extrêmes pour le quidam. À ce jeu-là, le Vendée Globe n'est pas en reste. Je parie, par exemple, que vous vous souvenez davantage de la jeune Violette Dorange, pour qui chaque journée passée sur son bateau fut une découverte, plutôt que du vainqueur, tout champion qu'il soit. Bien sûr, tout le monde n'a pas la même fraîcheur et, sans doute, Violette aura-t-elle à son tour un avenir différent, mais il existe d'autres moyens.

Je le dis souvent: la recherche scientifique informe des enjeux de notre siècle, mais ce sont les émotions partagées, celles révélées par les chercheurs qui découvrent, les marins et exploratrices qui luttent contre les éléments, ou les artistes embarqués, qui sont le plus susceptibles d'engager nos contemporains. Je consens que ce n'est pas toujours évident de se sortir du quotidien d'une expédition, de se détacher de l'action pour raconter. En effet, pour les marins, chercheurs ou ingénieurs que nous sommes, ces missions sont *in fine* notre quotidien. Beaucoup de moments, de paysages ou de situations rencontrés au jour le jour lors de ces expéditions semblent exceptionnels pour le public, alors que, pour les protagonistes, c'est très difficile de prendre le recul nécessaire au récit. Soit parce que la situation a déjà été vécue plusieurs fois et que le regard s'y habitue, soit parce qu'elle est si incertaine que toute l'attention des membres de l'expédition est mobilisée. Le rythme des missions océanographiques de nos jours est également bien différent de celui du XVIIIe siècle, où le temps s'étirait pendant des semaines entre des situations, des géographies ou des rencontres. On avait le temps d'écrire, comme en témoigne la multitude d'ouvrages rédigés par les chefs d'expédition eux-mêmes. Aujourd'hui, en mer aussi, tout s'est accéléré : les navires vont plus vite, ils sont connectés, et la complexité des opérations s'est grandement développée, si bien que le temps libre reste très restreint.

Bien sûr, la demande de partage étant si forte, il existe quelques artifices pour transmettre aventures et recherches scientifiques. Une des solutions trouvées pour pallier ce manque de temps et de recul des protagonistes est l'embarquement d'une personne dédiée aux médias et au récit en général. Cette « *media-woman* » ou ce « *media-man* », tels qu'on les appelle dans le jargon de la course au large comme dans celui des expéditions scientifiques, est là pour cela. Expert en journalisme, il ou elle a le temps de poser les questions, de filmer la dramaturgie du mauvais temps ou la joie de la découverte, voire les problèmes rencontrés, avec le recul nécessaire au partage. C'est un passager, mais c'est surtout un hublot, un fil qui relie le public à l'aventure pour toutes et tous. On s'identifie à cette personne « normale », on peut se mettre à sa place bien plus facilement qu'à celle du capitaine ou du chef scientifique.

Du côté du Vendée Globe, en revanche, aventure solitaire, ils prennent le temps de partager leurs tribulations. Facile à dire, mais encore faut-il aimer le faire, savoir le faire et, j'irai même plus loin, avoir la personnalité pour oser se raconter, mettre des mots sur ce que l'on a dans les tripes.

Raconter l'exploration pour donner vie aux découvertes et inspirer des générations à rêver plus loin.

La marine et le Shom : la science et les océans

En cette année de la mer, c'est une très belle opportunité pour moi de pouvoir exprimer ici la passion exigeante des marins pour l'océan. Et, au premier chef, la passion des marins et agents civils et militaires du Service hydrographique et océanographique de la Marine (Shom) pour l'océan. C'est donc ma responsabilité, en tant que président du conseil d'administration du Shom, cet établissement remarquable et envié par nombre de mes homologues étrangers, trois fois centenaire, de présenter sa raison d'être et son action. On peut les résumer en une courte expression : « connaître la mer ».

Le 18 mars 2025, le patrouilleur outre-mer *Teriieroo a Teriierooiterai* navigue au large des îles Maria, dans l'archipel des Australes, dans la ZEE polynésienne. Il y patrouille et effectue de la surveillance maritime. © Marine Nationale/Défense

Le Shom est un établissement public placé sous la tutelle du ministère des Armées. Ses racines historiques sont profondes : il est né en 1720, sous le règne du roi Louis XV, d'abord nommé « dépôt des cartes et plans de la Marine ». Il a continuellement évolué jusqu'à nos jours, prenant des visages différents et s'adaptant au gré des changements technologiques et humains.

Son champ d'action est très large. Le Shom répond aux besoins militaires, car la connaissance de l'environnement marin est essentielle pour mener à bien les opérations navales. Il répond également aux besoins publics, nombreux et évolutifs, de la sécurité de la navigation à la protection de l'océan en passant par les divers usages en mer. Il joue ainsi un rôle clé dans la compréhension et la gestion des immenses espaces marins dont la France a la responsabilité.

Cet ouvrage collectif est donc l'occasion pour moi de mettre en lumière le Shom et de montrer comment ce puits de connaissances participe à la fois aux opérations de la Marine et à la protection des mers. Depuis 400 ans, l'ADN de la Marine est scientifique. Cet aspect est fondamental pour mener son action : La Marine questionne, explore, découvre. Elle a permis l'éclosion de grands explorateurs et scientifiques, de Bougainville à La Pérouse, jusqu'à Charcot. Cette inspiration est toujours vivante à travers les navires et les scientifiques qui sillonnent les mers. C'est une voie tracée aujourd'hui pour ceux « qui n'ont que la mer ».

Usages des mers : se nourrir, transporter, échanger et manifester la puissance

Pour les hommes, la mer n'est pas un lieu de vie, mais un lieu de passage. Elle permet de se nourrir, de transporter, d'échanger, mais elle est aussi un lieu de compétition stratégique. les océans représentent en outre un enjeu existentiel pour l'humanité, qu'il faut donc protéger. Cependant, pour remplir toutes ces fonctions, il est indispensable de faire progresser la connaissance de l'environnement physique marin.

La frégate multimissions (FREMM) escorte un transport de marchandises dans le détroit de Bab-el-Mandeb. © Maxime Audin/Marine Nationale/Défense

C'est en mer que plus de 3 milliards d'habitants de la Terre trouvent leur alimentation en protéines. Plus largement, une part importante de l'énergie, qu'elle soit fossile ou renouvelable, provient des espaces maritimes. C'est également par la mer que transitent nos approvisionnements : biens manufacturés, énergie, matières premières nécessaires que nous devons chercher à l'extérieur du continent européen. Ce constat vaut aussi pour les transferts d'informations : 99 % de nos données et de nos échanges Internet passent par des câbles sous-marins, seuls capables d'assurer un débit suffisant et en constante augmentation.

D'autres infrastructures critiques reposent sur le fond marin : câbles de distribution d'électricité, gazoducs, oléoducs... Par ailleurs, avec 11 millions de kilomètres carrés, la France dispose de la deuxième zone économique exclusive (ZEE) maritime mondiale. Cette responsabilité immense impose à la France de prendre toute sa part dans la mobilisation inédite pour protéger les mers, depuis les territoires ultramarins jusqu'à la métropole.

Les océans, lieu de compétition stratégique

Nous vivons dans un contexte stratégique très intense et incertain. Il faut désormais faire face à la multiplication des menaces et à l'extension des champs d'affrontement. Cela est particulièrement vrai dans les espaces maritimes où se côtoient toutes les Nations, parfois avec des frictions. Les conflits en mer Rouge et en mer Noire, ou encore les tensions en mer de Chine Méridionale, soulignent l'importance cruciale d'appréhender, en toute souveraineté, un large éventail de connaissances, qu'elles soient géographiques ou environnementales.

Le contexte géostratégique est également marqué par l'extension de la compétition aux grands fonds marins. Les menaces ou attaques contre les câbles sous-marins en Atlantique, en Baltique et jusqu'au Pacifique posent ainsi la question pressante de leur surveillance et de leur protection.

Alors que seul un dixième de la surface des grands fonds est cartographié, leur utilisation croissante pour l'acheminement de données ou l'exploitation de ressources énergétiques accentue

Du 14 juin 2023 au 22 juin 2023, le BSAM *Loire* conduit la mission CALLIOPE 23.2 doté d'un drone sous-marin A18D, afin de poursuivre l'étude d'une première capacité de surveillance des grands fonds. © Jérôme Guégan/Marine Nationale/Défense

notre dépendance à ce milieu encore très difficile d'accès sur le plan technique. L'enjeu est donc à la fois militaire (liberté d'action, sécurité des activités dans les eaux territoriales et les ZEE), scientifique et économique (exploitation des ressources minérales offshore, développement des énergies marines renouvelables, infrastructures de câbles océaniques).

L'environnement et les opérations navales

Le vent, les vagues, la houle, la température de l'air et de l'eau, mais aussi l'humidité relative, les embruns ou la salinité, forment un ensemble de facteurs que les marins appellent l'« environnement ». La connaissance de l'environnement est un facteur décisif de succès militaire, permettant de gagner les quelques minutes, voire secondes, qui peuvent faire basculer une confrontation en notre faveur.

Si la Marine nationale figure parmi les premières marines mondiales en termes de performance en lutte sous la mer et de navigation sous-marine, cela repose notamment sur une connaissance approfondie de l'environnement marin. La prévision de la propagation du son dans l'eau permet aux sous-marins de se positionner de manière à entendre sans être entendus. Les frégates, hélicoptères et avions de patrouille maritime ne pourraient écouter sous la mer sans une cartographie marine avancée et une compréhension fine des caractéristiques de la colonne d'eau, de ses variations saisonnières, des courants ou encore de l'activité humaine.

Les plongeurs spécialisés dans la guerre des mines ainsi que les engins de débarquement amphibie doivent également disposer d'une connaissance précise du littoral. Par exemple, l'analyse du profil d'une plage, de l'état des vagues ou encore de l'éclairage lunaire à travers les nuages peut garantir le succès d'une infiltration par des commandos Marine.

De manière plus discrète mais tout aussi cruciale, le Shom contribue à la crédibilité de la dissuasion nucléaire, ultime

Marins du SNLE le *Téméraire*, en passerelle supérieure, peu avant la prise de plongée, depuis le port de l'Île Longue. © Charles Wassilieff/Marine Nationale/Défense

Les élèves des PMM reçoivent une instruction sur la cartographie maritime. ©Kevin Auger/Marine Nationale/Défense

garantie de notre liberté d'action et de notre autonomie de décision. Depuis 1972, tous les 70 jours, des sous-marins nucléaires lanceurs d'engins quittent la rade de Brest pour patrouiller, tapis et silencieux, dans l'océan.

Pour accomplir ces missions, un réseau de spécialistes embarqués sur les navires conseille le commandement en s'appuyant sur les mesures fournies par le Shom. Déployés par le Centre d'Expertise Opérationnel Météorologique et Océanographique de la Marine, basé à Brest, ces experts recueillent en mer des observations 24 heures sur 24, 7 jours sur 7.

Le Shom, acteur de service public

Le Shom est une organisation d'envergure mondiale. De Papeete à Cherbourg, de Pointe-à-Pitre à Toulon, mais aussi dans le golfe de Guinée, en Nouvelle-Calédonie, en Antarctique ou encore dans le Grand Nord, il est présent sur la majeure partie des océans et sur la plupart des théâtres d'opérations de la Marine. Il peut être mobilisé avec un faible préavis lors de catastrophes naturelles ou humaines.

À Mayotte, par exemple, le cyclone Chido a causé de lourds dégâts pour la population, les infrastructures et l'environnement. Il a fallu restaurer les voies maritimes dans le lagon en localisant et en dégageant les obstructions sous-marines générées par le cyclone (débris naturels, épaves de navires ou pontons, etc.). Les ports et leurs accès ont également dû être rouverts en urgence.

Le Shom mobilise par ailleurs son expertise pour contribuer aux politiques publiques de la mer et du littoral. Il intervient dans des domaines variés, tels que :

– la protection des biens et des personnes (vigilance vagues-submersion, en partenariat avec Météo-France) ;

– la surveillance du bon état écologique, dans le cadre de la directive-cadre sur la stratégie du milieu marin ;

– le partage numérique de l'information de sécurité nautique.

Le Shom soutient aussi les acteurs économiques dans le cadre de la stratégie nationale pour la mer et le littoral. Il accompagne l'économie bleue en fournissant des produits et services numériques aux acteurs publics et privés du monde maritime. Cette activité représente désormais 15 % de son portfolio. Il développe notamment des produits numériques conformes aux normes S-100 de l'organisation hydrographique internationale, complétant les cartes au format S-101, pour optimiser l'efficacité du transport maritime.

Enfin, Le Shom joue un rôle clé dans le développement des infrastructures d'énergie marine renouvelable, comme les éoliennes en mer. D'ici 2050, une cinquantaine de parcs éoliens sont prévus, et le Shom contribue activement à leur planification.

Des actions pour la protection des océans

Les dérèglements climatiques exacerbent les tensions sur les ressources naturelles, aussi bien en mer qu'à terre, générant des conflits potentiels et bouleversant ainsi les enjeux de sécurité à l'échelle mondiale. Par ailleurs, les changements

Barrage anti-pollution récupérant la pollution jouée par le riz à la surface de l'eau.

environnementaux rapides et les phénomènes météorologiques plus violents imposeront une adaptation des moyens, qu'il s'agisse des navires ou des infrastructures terrestres. L'ensemble des opérations devra évoluer pour répondre aux défis à venir: assistance aux populations après des catastrophes naturelles (notamment dans les îles et zones littorales), lutte contre la pêche illicite, sauvegarde de la vie en mer, assistance aux navires en difficulté et lutte contre les pollutions.

Le Shom, dont l'une des missions est de prévoir l'évolution de l'environnement marin dans ses interactions avec l'atmosphère, contribue à l'effort d'anticipation porté par la Marine nationale. Les marins et les scientifiques jouent un rôle central dans cet élan: véritables sentinelles du climat, des océans et de la biodiversité, ils œuvrent au service d'une meilleure compréhension de ces enjeux.

Voici quelques actions emblématiques menées par la Marine nationale dans cette dynamique:

– **Exploration des zones peu connues**: La Marine réalise des observations dans des régions encore mal explorées, comme

Expérimentation EXAIL pour la phase de préparation. ©Marie Delannoy/Marine Nationale/Défense

l'Arctique (mission du Rhône en 2018 dans le passage du Nord-Est ou mission « Lana » menée par la Garonne en 2023) ou l'immensité du Pacifique.

– **Science participative**: La Marine soutient des projets tels que le programme « Kivi Kuaka », mené jusqu'en 2022 avec le muséum national d'histoire naturelle et le ministère de la Transition écologique. Ce programme consistait à suivre par GPS des oiseaux migrateurs en Polynésie, capables de détecter l'arrivée de cyclones.

– **Soutien aux missions scientifiques**: dans les Terres Australes et en Antarctique, Le Shom contribue, à bord du patrouilleur L'Astrolabe, aux levés hydrographiques dans les approches de la base Dumont d'Urville, en Terre Adélie. Ces missions ouvrent de nouvelles routes d'accès sur ce continent à vocation scientifique, en soutien à l'institut Paul-Émile Victor.

– **Étude du plancton**: La mission « Bougainville », issue d'un partenariat entre Plankton Planet, Sorbonne Université et la Marine nationale, est un exemple de coopération scientifique. Cette initiative vise à étudier le plancton, élément clé de la chaîne alimentaire et acteur majeur de la régulation climatique, dans les océans Indien et Pacifique. Comprendre le rôle du plancton dans le cycle du carbone est crucial pour mieux appréhender l'évolution des ressources halieutiques et, par extension, des zones de pêche.

Le Shom en transformation

Pour relever ces défis, le Shom entreprend une transformation profonde de ses moyens.

– **Dronisation et automatisation**: Porté par le programme Capacité hydrographique et océanographique future (CHOF), le Shom mise sur des technologies innovantes pour réduire les risques humains, les coûts et améliorer la flexibilité et la précision de ses missions. Les futurs bâtiments hydrographiques et océanographiques (BHO), plus grands et plus technologiques, remplaceront les navires actuels (*Laplace*, *Lapérouse*, *Borda*), actuellement basés à Brest.

– **Nouveaux moyens de collecte de données**: En 2024, le Shom a franchi un cap en commandant deux drones autonomes: l'un destiné aux opérations en surface, l'autre à l'exploration des grands fonds, jusqu'à 6000 mètres de profondeur, permettant d'accéder à 97% des fonds marins. Deux planeurs sous-marins, capables d'atteindre 1000 mètres de profondeur, complètent cette capacité.

– **Traitement massif des données**: Avec l'augmentation de 300% des données collectées grâce au renouvellement des équipements, le Shom se dote d'une infrastructure adaptée pour traiter, sécuriser et exploiter ces données. L'intelligence artificielle sera un outil essentiel pour gérer ce flux massif et pour refondre l'architecture géospatiale des données hydro-océanographiques.

Ces innovations engendreront des effets bénéfiques notables, comme l'amélioration de la fluidité et de la sécurité du trafic maritime, une meilleure exploitation des courants pour réduire la consommation d'énergie des navires, la diminution des temps d'attente dans les zones de mouillage, et une gestion optimisée des usages de la mer, en forte croissance.

Étrave de la FASM *La Motte Picquet* (D645) dans la plume. Mer 9.
©Mélanie Denniel/Marine Nationale/Défense

La science en mer suit parfois des chemins imprévisibles. Les marins, qu'ils soient à bord des unités de la Marine nationale, sur les théâtres d'opérations ou dans les tours de contrôle des bases aéronavales, sont tous des acteurs, directs ou indirects, de la connaissance maritime. Chaque jour, le briefing des opérations commence par une étude de l'environnement marin.

La connaissance de la mer constitue donc le socle du métier de marin, mais également une base essentielle pour réguler les usages et protéger les mers. Grâce à des outils uniques alliant expertise civile et militaire, le Shom joue un rôle déterminant dans la stratégie maritime française. Cet écosystème complet, de la collecte des données à leur exploitation, assure la souveraineté et la crédibilité de notre pays. Dans ce cadre complexe, le Shom s'affirme comme un atout précieux pour les forces armées, la société civile et l'océan.

Amiral Nicolas Vaujour

L'amiral Nicolas Vaujour est entré dans la Marine à 20 ans, en 1989. Il a commandé plusieurs bâtiments à la mer, dont la frégate *Chevalier Paul* basée à Toulon. Il a ensuite été sous-chef Opérations de l'État-major des Armées. Chef d'état-major de la Marine depuis le 1er septembre 2023, il commande la Marine nationale et veille à la préparation et à l'entraînement des forces navales.

Petit focus sur les pôles : vers un futur sans glaçons ?

La banquise en voie d'extinction

En 1980, la surface de l'océan Arctique couverte par la banquise en fin d'été était d'environ 6,8 millions de km². En 2020, l'océan « blanc » était réduit presque de moitié, avec une surface de seulement 3,82 millions de km² : l'équivalent de sept fois la surface de la France perdue en seulement quarante ans[1]. D'immenses zones auparavant couvertes en permanence par la glace de mer se sont transformées en océan ouvert. Au vu de l'ampleur,

En quatre décennies, le couvert de banquise en Arctique s'est réduit de moitié.
© Guillaume Massé

---

1. https://climate.nasa.gov/vital-signs/arctic-sea-ice/?intent=121

mais surtout du rythme de ces changements, dans quelques années, même s'il y aura toujours de la banquise en hiver, la totalité de l'Arctique sera libre de glace à la fin de l'été[2]. En Antarctique, la tendance est la même. Inexorablement, nous nous acheminons vers un futur sans glaçons et les conséquences pour le climat et les écosystèmes marins sont dramatiques.

Vu de nos latitudes, on peut considérer que les régions polaires sont tellement loin que nous pouvons nous permettre de les maintenir en dehors de nos préoccupations. Tant pis pour les ours blancs ! Il nous restera toujours les bruns. Détrompons-nous. La banquise est au cœur de la machine climatique, et les conséquences de sa disparition progressive se mesurent à l'échelle de la planète.

LE RÔLE CLÉ DE LA BANQUISE

Quand le blanc devient bleu, le réchauffement s'accélère. Le dérèglement climatique que l'on observe actuellement est lié à un déséquilibre dans le bilan énergétique planétaire. Avec l'augmentation de nos émissions de gaz à effet de serre, notre planète réémet moins d'énergie qu'elle n'en reçoit. Les zones recouvertes par la banquise sont blanches et renvoient la quasi-totalité de l'énergie solaire vers l'atmosphère : c'est le phénomène d'albédo. À l'inverse, l'océan ouvert absorbe la majeure partie de l'énergie qu'il reçoit. Donc, plus la surface couverte par la banquise diminue, plus l'océan absorbe d'énergie, ce qui augmente d'autant le dérèglement climatique.

---

2. Kim, YH., Min, SK., Gillett, N.P. et al. Observationally-constrained projections of an ice-free Arctic even under a low emission scenario. *Nat Commun* 14, 3139 (2023). https://doi.org/10.1038/s41467-023-38511-8

La circulation thermohaline : le moteur des grands courants océaniques

Les zones polaires sont aussi le siège d'un autre phénomène important : la circulation thermohaline. Dans les mers nordiques, en mer du Groenland ou du Labrador, les eaux chaudes et salées transportées par la grande dérive nord atlantique se refroidissent et rejoignent les grandes profondeurs. En Antarctique, de grandes quantités de banquise se forment en automne et en hiver. Une grande partie du sel contenu dans l'eau de mer liquide est expulsée de la banquise en formation. Les eaux du dessous, déjà froides, deviennent sursalées et forment des masses d'eau dense qui, comme celles formées au nord, plongent, elles aussi, vers le fond de l'océan. Ces phénomènes de convection, qui n'ont lieu que dans les régions polaires, sont les moteurs de la circulation océanique générale et mettent en mouvement toutes les masses d'eau.

Actuellement, la hausse des températures à la surface de la planète, combinée au réchauffement de l'océan, provoque – en plus de la diminution importante du couvert de banquise – une

Rorqual se nourrissant du krill qui abonde sous la banquise durant l'été austral.
© Guillaume Massé

accélération de la fonte des glaces continentales (glaciers, calottes groenlandaise et antarctique). Il y a vingt ans, la plupart des glaciers de l'Arctique rejoignaient l'océan. Depuis, ils n'ont cessé de reculer et il faut parfois faire plusieurs dizaines de kilomètres à l'intérieur des terres pour rejoindre le front de ces grandes rivières de glace. D'immenses volumes d'eau douce rejoignent ainsi l'océan dans les régions polaires et perturbent ces phénomènes de convection. Si ces apports massifs d'eau douce perdurent, voire s'intensifient comme c'est actuellement le cas, un arrêt total de la convection n'est pas à exclure. Le moteur risque donc de tomber en panne. Ceci entraînerait des conséquences majeures sur la circulation océanique, et donc sur la redistribution de la chaleur à la surface de la planète (des tropiques vers les pôles), bouleversant en profondeur le paysage climatique planétaire. Les hivers bretons seront-ils bientôt identiques à ceux du Québec ?

L'élévation des océans, une menace globale

Au cours du dernier siècle, le niveau moyen des océans a augmenté d'une vingtaine de centimètres — dont dix pour les seules trente dernières années. Bien qu'une grande partie de cette hausse soit directement liée à la dilatation thermique de l'océan, les apports d'eau douce liés à la fonte des glaces continentales polaires contribuent aussi de façon importante à l'élévation du niveau marin. Tout s'accélère. Les différents scénarios issus des travaux du Groupe d'experts intergouvernemental sur l'évolution du climat prévoient, à l'issue du XXIe siècle, une hausse du niveau marin de 28 centimètres pour les scénarios les plus optimistes, à plus d'un mètre pour les plus pessimistes. En France, plus de huit millions d'habitants résident dans les communes littorales qui, pour beaucoup d'entre elles, sont aussi concernées par le recul du trait de côte. Celui-ci évolue sous l'effet de processus naturels mais aussi des activités anthropiques : urbanisation, artificialisation sur terre et en mer, etc. Ce recul, amplifié par la montée du niveau marin, risque encore de s'accentuer au cours des prochaines décennies.

Sur Terre, plus de deux cent trente millions de personnes vivent à moins d'un mètre au-dessus du niveau de la mer.

L'avenir de centaines de millions d'habitants dépend donc de notre capacité immédiate à limiter nos rejets de gaz à effet de serre. Clairement, les enjeux liés à ces phénomènes ne sont pas restreints aux hautes latitudes, et il est crucial de continuer nos efforts pour mieux comprendre les processus qui les contrôlent, changer nos habitudes et se préparer au mieux aux conséquences des perturbations que nous observons actuellement.

Des oasis givrées

Malgré les conditions environnementales extrêmes qui les caractérisent, les espaces maritimes polaires sont foisonnants de vie. En effet, les mers englacées (sous et en bordure de la banquise)

Algues de glace – principalement des diatomées riches en lipides – colonisant les premiers centimètres inférieurs de la banquise. © Guillaume Massé

sont le siège d'une production primaire intense au printemps et en été. On y trouve du phytoplancton, mais aussi des algues de banquise qui colonisent les quelques centimètres à la base de la colonne de glace. Vu du dessous, cela ressemble à une prairie à l'envers, mais au lieu d'y rencontrer des vaches ou des moutons, ce sont des myriades de zooplancton qui viennent brouter ces microalgues particulièrement riches en lipides[3].

Les écosystèmes polaires sont en danger.

Avec le phytoplancton, ces algues de glace, ou sympagiques pour les scientifiques, forment le socle des écosystèmes polaires. Elles alimentent de nombreuses espèces de zooplancton, telles que le krill ou les copépodes, qui à leur tour nourrissent poissons, oiseaux et mammifères marins qui abondent dans les eaux et le long des rivages de l'Arctique ou de l'Antarctique.

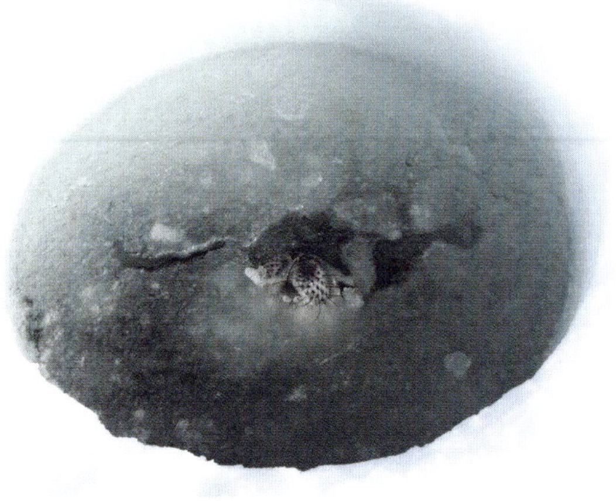

Phoque de Weddell entretenant un trou dans la banquise en Antarctique. Station Dumont d'Urville. © Guillaume Massé

3. https://link.springer.com/article/10.1007/s13280-021-01662-3/figures/3

Cette image, acquise par l'un des satellites Copernicus Sentinel-3 le 17 janvier 2021, montre une efflorescence massive de phytoplancton (près de 200 km de long) près de la langue glaciaire de Drygalski qui se jette dans la mer de Ross en Antarctique de l'Est. Ces efflorescences sont si importantes qu'elles peuvent être vues par les satellites.
© European Union, Copernicus Sentinel-3 imagery

Au nord comme au sud, ce sont des centaines de millions d'oiseaux qui se regroupent au sein d'immenses colonies disséminées sur le littoral. La base polaire française de Dumont-d'Urville, située sur la côte est du continent Antarctique, est construite au sein d'une colonie de dizaines de milliers de manchots Adélie. Leurs bavardages incessants donnent aux visiteurs l'impression d'être au cœur d'un immense poulailler à ciel ouvert. Les phoques, quant à eux, entretiennent des trous dans la banquise pour s'y reposer, donner naissance ou se cacher des prédateurs tels que les ours blancs en Arctique, ou les léopards des mers et les orques en Antarctique.

En zone australe, les juvéniles de krill sont particulièrement dépendants des microalgues qui se développent à la base de la banquise. Le devenir de cette espèce clé des écosystèmes antarctiques dépend donc fortement de la présence de banquise au printemps, lorsque la neige qui la recouvre commence à fondre, que la nuit polaire cède la place au jour éternel, et que les algues profitent du retour de la lumière pour se développer à nouveau.

Un peu plus tard, c'est au tour du phytoplancton de se développer, lorsque la banquise elle-même commence à fondre et que les violents coups de vent fréquents sous ces latitudes, les marées et les transports de touristes, de chercheurs ou bientôt de marchandises morcellent les blocs de glace, les entrechoquent, les éloignent à nouveau inlassablement, créant des rivières éphémères – espaces libres de glace – au sein desquels la lumière se fraie un chemin jusqu'aux algues.

Cette intense activité photosynthétique dans les hautes latitudes joue, elle aussi, un rôle de premier plan pour les équilibres planétaires. Les températures fraîches des eaux de surface dans ces régions permettent la dissolution de grandes quantités de dioxyde de carbone (CO_2), principal responsable du déséquilibre thermique qui bouleverse le climat de notre planète. Ce CO_2 est utilisé par les microalgues, qui le transforment en matière organique, dont une grande partie se retrouve séquestrée dans les

Banquise morcelée à proximité de la Station Dumont d'Urville en Antarctique. Station Dumont d'Urville. © Guillaume Massé

sédiments, après avoir permis aux écosystèmes foisonnants des milieux polaires de se développer. L'océan Austral absorbe à lui seul 40 % du carbone en excès dans notre atmosphère[4].

Réagir avant qu'il ne soit trop tard

Les pôles sont les garants de nombreux équilibres planétaires. Ils sont pourtant les premières victimes du dérèglement climatique. Chaque degré de réchauffement moyen sous nos latitudes correspond à plus de 7 °C aux pôles. La banquise fond et il pleut en Antarctique de l'Est. Du jamais vu de mémoire de manchot.

Rappelons-nous que pour chaque tonne de CO_2 que nous émettons dans l'atmosphère, trois mètres carrés de banquise disparaissent en Arctique. Or, un futur sans glaçons n'est pas une perspective souhaitable. Espérons que la lecture de ces quelques lignes vous aura convaincu qu'il est temps pour nous d'agir avant qu'il ne soit trop tard.

Guillaume Massé

Biologiste de formation, océanographe et chargé de recherche au CNRS, il dirige la station marine de Concarneau depuis 2023. Il s'intéresse tout particulièrement aux régions polaires, notamment l'étude de la banquise, pour mieux comprendre son rôle dans la régulation du climat, la circulation océanique et les écosystèmes qui en dépendent. Il a contribué, aux côtés d'autres scientifiques du Muséum national d'Histoire naturelle, à la rédaction du manifeste *Océan, un avenir en commun.*

4. https://www.frontiersin.org/files/Articles/553953/fmars-07-00581-HTML/image_m/fmars-07-00581-g001a.jpg

Chapitre 5

• • •

L'OCÉAN ET LES CULTURES HUMAINES : UN DIALOGUE À CONSTRUIRE

Éveiller les consciences aux trésors d'espoir de l'océan

Développer les connaissances grâce au travail des chercheurs est une priorité pour protéger l'océan. Cela peut passer par l'observation, la prise d'échantillons, l'enregistrement de données… © Alexis Rosenfeld, 1OCEAN

À la fin des années 1960, une petite fille demande au docteur Bombard ce que veut dire le mot « pollution ». La réponse fut limpide : « la pollution est ce que l'Homme fabrique et que la nature ne sait pas défaire. » Dès lors, la pollution ne quitta plus ni l'environnement, ni l'époque de la petite fille. L'océan est entré dans la conscience mondiale par la catastrophe : marées noires et pollution chimique. Très rapidement, apparurent des héros d'un nouveau genre, des lanceurs d'alerte, pour sauver baleines et bébés phoques et éveiller des consciences encore un peu endormies sur les risques d'une apocalypse nucléaire. Puis, la petite fille devint maman à son tour et le monde commença à changer. La science et la mobilisation nous montraient un autre chemin. En allant sur la lune, nous avons découvert la beauté de notre planète et l'étendue de notre océan. Reconnue comme le symbole de la prise de conscience planétaire, cette aventure spatiale a ouvert les vannes d'une mondialisation effrénée dont on paie le prix fort aujourd'hui. Cependant, cette même accélération digitale a permis le développement des mesures scientifiques et de la diffusion des connaissances. Les leviers de l'action sont bien établis: il faut tout à la fois protéger le climat, l'océan et la biodiversité. Aujourd'hui, les interventions de cette petite fille, presque grand-mère, sont essentiellement tournées vers des solutions. Il aura fallu quatre générations pour éveiller les consciences et passer des pollutions aux solutions.

L'océan, maître du vent et de l'eau

Pour les amoureux de la mer Méditerranée, il est commun de comparer la Grande Bleue à un petit océan modèle tant cette mer fermée est sensible aux activités humaines. Si on considère que l'océan est la mémoire et le miroir de nos actions, il nous renvoie aujourd'hui un reflet inquiétant. Nous avons l'océan que nous avons mérité et il est temps d'inverser radicalement nos comportements. Avec la santé de l'océan pour guide, nous pouvons déjà faire d'autres choix: énergies renouvelables, transport vélique, aquaculture terrestre durable sans farine de poisson, aires marines protégées, restauration écologique, dépollution des fleuves et rivières, écoconception de nos produits de consommation, revenir au «ici et maintenant». C'est l'ensemble orchestré de nos actions locales qui pourront, tant qu'il est encore temps, soigner l'océan. Si on se souvient que l'océan est le grand maître du climat et du cycle de l'eau, nous devons et pouvons créer un avenir vraiment bleu.

« Le dernier gardien du littoral » : la pêche aux petits métiers, également appelée pêche côtière ou petite pêche. © Alexis Rosenfeld, 1OCEAN

Trop longtemps dépeint comme une victime collatérale du changement climatique, l'océan est une réelle source d'espoir. Cependant, seul un océan vivant et en bonne santé nous permettra d'atteindre les objectifs de durabilité et de l'approche « One Health » des Nations Unies. Des solutions fondées sur la nature existent. La protection des mangroves, des herbiers marins et des récifs coralliens permet de renforcer la résilience des littoraux face à la montée des eaux et à l'intensification des tempêtes, tout en absorbant d'importantes quantités de carbone. Les mangroves, par exemple, stockent jusqu'à dix fois plus de carbone que les forêts tropicales terrestres. Les herbiers marins, forment de vastes prairies sous-marines, jouant un rôle essentiel dans la captation du carbone bleu tout en abritant de précieuses nurseries. Malheureusement, leur surface régresse sous l'effet des activités humaines et du changement climatique. Protéger ces espaces et accompagner les sociétés humaines dans une innovation inspirée de la nature est donc primordial. Nous devons mettre les sciences

Zone fragile de nurserie. © Alexis Rosenfeld, 1OCEAN

de la durabilité au cœur de chaque décision, action et prévision. L'heure est venue de connaître, faire connaître et protéger la mer, devise fondatrice de l'Institut océanographique Paul Ricard, que j'ai l'honneur et la joie de présider, et qui va célébrer en 2026 son soixantième anniversaire.

Ainsi, nous pourrions inverser les logiques de nos actions et promouvoir activement des innovations de rupture. Pour cela, nous pouvons nous inspirer des principes du vivant. À l'aube de la sixième extinction, le biomimétisme nous rappelle qu'il est urgent de comprendre que des solutions existent dans la nature, car comme l'a dit Paul Eluard, « Il y a un autre monde mais il est dans celui-ci. »

Le biomimétisme marin: innover en s'inspirant de l'océan

Transversal et simple dans son approche, le biomimétisme consiste à s'inspirer des solutions, procédés, organisations développées par la nature pour innover durablement. Les écosystèmes et les organismes offrent une infinité de modèles pouvant guider la recherche et le développement vers des objets et des modes de consommation capables d'accélérer notre adaptation au changement climatique, tout en permettant la régénération des milieux. Nous devons réfléchir et agir différemment, durablement, avec la préservation du vivant comme feuille de route.

Le rapport du Conseil économique, social et environnemental (CESE), que j'ai eu la chance de porter en 2015, « Le biomimétisme : s'inspirer de la nature pour innover durablement », soulignait, il y a dix ans déjà, le potentiel immense du biomimétisme marin pour accélérer la transition écologique. Les zones littorales, si importantes pour les communautés humaines et si fragiles, sont déjà impactées par la dilatation de l'océan et la montée des eaux. Là où tous perçoivent la menace, certains y voient une opportunité. En Italie, des serres sous-marines permettent de cultiver des légumes et des plantes sans eau et sans carbone, à dix mètres de profondeur. Plusieurs prix Nobel se sont inspirés d'organismes marins. Les énergies marines renouvelables sont porteuses d'espoir et nous avons encore tant à faire sur la ressource alimentaire marine et aquatique. Pour cela, il est nécessaire de bien comprendre l'importance et la fragilité extrême du cycle global des écosystèmes. En renforçant la collaboration entre chercheurs, entrepreneurs et décideurs, il est possible de faire émerger des solutions fondées sur la nature, bio inspirées, et effectives pour la protection des êtres vivants et de l'océan.

L'anxiété généralisée par l'évolution de notre climat et les menaces liées à l'océan nous obligent à accélérer cet éveil des consciences en explorant des solutions de rupture et d'adaptation accessibles pour tous. Face aux défis environnementaux auxquels nous sommes confrontés, un sursaut est indispensable pour repenser notre rapport aux ressources naturelles et à la biodiversité marine. Revoir notre perception de l'eau et de l'océan, orchestrer ensemble les compétences scientifiques, techniques, réglementaires, sanitaires et financières vers la sécurité alimentaire, l'éducation et la santé pourrait donner à voir, dans notre océan miroir, un reflet plus prometteur.

Il est donc essentiel de sensibiliser, alerter et démontrer qu'il est non seulement possible, mais surtout indispensable, de mieux connaître et préserver la vie dans l'océan. Développer une culture générale des sciences fondamentales – véritable mode d'emploi de la biosphère – permettrait d'accélérer la mise en place de solutions durables et de transformer profondément nos modes de fonctionnement, car l'océan et l'humanité partagent une même destinée.

Un nouvel équilibre à construire ensemble

Devant la complexité des enjeux et l'accélération des urgences, notre véritable chance réside dans la mise en commun de nos connaissances, moyens, capacités et volontés. Face à l'ampleur des menaces qui pèsent sur l'océan, une mobilisation individuelle et collective est indispensable. La complexité des enjeux devrait nous inciter à composer des orchestres de compétences. Si les lanceurs d'alerte étaient souvent isolés, on comprend aujourd'hui l'importance des coalitions afin de co-construire des solutions nécessaires pour nos transitions et un avenir plus

Depuis la terre ferme de l'île des Embiez. © Alexis Rosenfeld, 1OCEAN

juste et plus durable. L'éveil des consciences s'opère donc à tous les niveaux de la société, à une échelle globale et en impliquant l'intégralité des acteurs du changement. En effet, il est impératif d'impliquer tous les acteurs de la société autour de la connaissance et la compréhension du vivant, de casser les silos et de bâtir des partenariats publics, privés, philanthropiques, scientifiques, techniques et inclusifs. C'est ce que j'appelle le « carré magique ».

Le carré magique repose sur quatre piliers. Le premier est académique : il regroupe les chercheurs et les ingénieurs, qui co-construisent les connaissances et leur application technique. Le deuxième pilier est économique : il convoque les entreprises et la finance, responsables de la valeur économique et du partage social. Le troisième pilier, le plus large, est celui de la société civile : on y côtoie les citoyens, les ONG, les médias, les syndicats. Ils sont le cœur battant de l'acceptation sociétale et de l'engagement. Enfin, le quatrième pilier est porté par l'institution et le territoire, garant des réglementations, décrets et financements publics. Ils ont un rôle déterminant. En mettant l'intérêt général au cœur de l'action de tous, en renouant un dialogue interdisciplinaire et multilatéral, en mettant en place des mécanismes innovants et solidaires de financement, le carré magique peut devenir un extraordinaire accélérateur de dialogue et de transition juste.

Si notre carré magique est la fosse de l'orchestre, la partition que nous devons jouer ensemble a la forme d'une magnifique fleur de 17 couleurs : les Objectifs de Développement Durable (ODD). Extraordinaire outil de dialogue international, ils ont inspiré la science de la durabilité, dont j'espère qu'elle sera un jour la première culture universelle partagée par tous les humains.

Comment faire aimer l'océan à des milliards d'enfants qui ne l'ont jamais vu ? Comment expliquer qu'il est notre allié pour lutter contre le changement climatique et pour un futur plus bleu ? C'est la mission de « Ocean Literacy » qui vise à mieux appréhender l'influence de l'océan sur l'Homme et notre influence sur

L'Institut Océanographique Paul Ricard sur l'Île des Embiez. © Alexis Rosenfeld, 1OCEAN

l'océan. Cette éducation doit être prodiguée dès le premier jour de classe; elle est nécessaire pour permettre à tous, partout dans le monde, de comprendre la planète sur laquelle nous vivons et développer cette conscience de maison Terre-Mer.

Cet éveil et cet apprentissage rencontrent toutefois des obstacles et des défis liés aux mystères de l'océan. En effet, il peut être difficile de tisser un lien entre l'Homme et l'océan alors que la majorité de «l'activité biologique océanique se déroule principalement à l'écart du regard humain, dans un vaste monde obscur et immergé.» (Guigone Camus)

À l'Institut océanographique Paul Ricard, des bâtisseurs de conscience ont inlassablement émerveillé les enfants. Aujourd'hui la sensibilisation passe par la participation à des expériences réelles et virtuelles avec les environnements océaniques et côtiers, pour permettre aux jeunes et aux adultes de tisser un lien sensible avec la mer.

Le développement d'une culture océanique est vital pour notre avenir, pour les solutions d'adaptation au changement climatique, pour la survie des écosystèmes et pour la sécurité alimentaire. Après tout, faire société ensemble pour la préservation de l'océan et de la vie n'est-il pas un avenir souhaitable?

Car, en fait, l'océan réunit les femmes et les hommes que les continents séparent. La conscience et la protection de l'océan peuvent nous unir. Il transcende les frontières, les différences, les générations et les genres et nous rappelle que nous faisons tous partie d'un grand tout. En le protégeant, nous tissons un avenir où la nature et l'humanité pourraient vivre en harmonie. Ensemble, faisons de l'océan le berceau d'un monde nouveau.

Patricia Ricard

Engagée depuis 1991 dans la défense de l'environnement, Patricia Ricard est présidente de l'Institut océanographique Paul Ricard depuis 2005. Vice-présidente de la Plateforme Océan & Climat (POC), elle s'attache aujourd'hui à mettre en lumière l'interdépendance de l'océan, du climat et de la biodiversité, ainsi que le rôle de la philanthropie. Nommée « Patron of Nature » par l'Union internationale pour la conservation de la nature (UICN), Patricia Ricard continue d'allier son expertise scientifique et sa capacité de plaidoyer pour porter la voix de l'océan sur la scène internationale et favoriser l'innovation par des solutions fondées sur la nature ou bio inspirées pour la préservation des écosystèmes marins.

Pour un océan durable

L'océan

Nous vivons sur une planète qui abrite un océan. L'océan est unique : il couvre 71 % de notre planète, représente plus de 95 % de son espace vital et se répartit dans des bassins interconnectés influencés par divers processus océanographiques physiques.

L'océan est un élément clé de notre système terrestre. Grâce à son phytoplancton abondant, ses plantes photosynthétiques dérivantes, ses algues et ses bactéries, il produit environ 50 % de l'oxygène planétaire. Il régule également le climat en stockant le rayonnement solaire, en redistribuant la chaleur et l'humidité à travers le globe, et en structurant les systèmes météorologiques. Par ailleurs, il atténue les effets du changement climatique en absorbant jusqu'à 93 % de l'excès de chaleur dû au réchauffement climatique et plus d'un quart du surplus de CO_2 généré par les émissions anthropiques de gaz à effet de serre au cours des cinquante dernières années.

La vie est apparue dans l'océan il y a 3,7 milliards d'années, entraînant une diversité évolutive bien plus grande que sur terre. Les espèces terrestres ont évolué à partir des espèces marines. Des groupes taxinomiques, ou taxons, uniques se trouvent dans l'océan : 39 % des embranchements, ou phyla, sont endémiques à l'océan, alors qu'aucun n'est endémique à la terre ou aux eaux douces.

Quand la nature nous rend service

La biodiversité marine et le fonctionnement des écosystèmes fournissent d'importants services écosystémiques aux sociétés humaines, aux communautés locales et au bien-être individuel. Outre la production d'oxygène et la régulation du climat, la biodiversité des océans contribue au contrôle de l'érosion et de la pollution côtières. Les produits alimentaires marins, issus des pêches de capture et de la mariculture, sont essentiels à la sécurité alimentaire. De nombreuses cultures et sociétés sont intrinsèquement liées à la biodiversité marine, nécessitant un océan en bon état environnemental.

L'océan favorise également une meilleure santé physique et mentale. Sa biodiversité a inspiré la découverte de médicaments, avec des taux de réussite pour les composés naturels marins jusqu'à quatre fois plus élevés que ceux d'autres origines naturelles. Avec 30 % à 90 % d'espèces marines encore non décrites, la biodiversité de l'océan représente une formidable opportunité de recherche.

Plus loin, plus profond, plus petit: les nouvelles frontières de l'océan

Bien que plus de 80 % du fond marin de l'océan restent ni cartographiés, ni observés, ni explorés (nous disposons de meilleures cartes de la Lune et de Mars), les dernières décennies ont été marquées par un rythme sans précédent de découvertes océaniques. Ces avancées ont permis de s'éloigner des côtes, de plonger plus profondément dans l'océan et d'observer des échelles organisationnelles toujours plus fines.

La combinaison, à l'échelle mondiale, de données issues de la télédétection et de données physico-chimiques et biologiques collectées *in situ* lors d'expéditions récentes offre de nouvelles perspectives. Elle permet de construire une compréhension plus complète de la biologie des écosystèmes océaniques mondiaux.

Ces efforts enrichissent nos connaissances sur la biodiversité, les interactions entre les organismes, les moteurs écologiques des structures communautaires et les mécanismes génomiques qui sous-tendent les processus écosystémiques clés, tels que la pompe biologique du carbone.

L'océan est un territoire encore largement inexploré, où chaque avancée scientifique ouvre des horizons insoupçonnés sur la complexité et la richesse des écosystèmes marins.

Pour répondre aux nombreuses questions non résolues sur le fonctionnement des écosystèmes dans les profondeurs océaniques, la communauté scientifique internationale a initié, dans les années 1990, le développement d'observatoires en haute mer. Les premiers observatoires ont été déployés dans les années 2010 et sont particulièrement utilisés pour étudier les cheminées hydrothermales, découvertes dans les années 1970. Grâce à ces observatoires, nous commençons à comprendre le fonctionnement de la circulation hydrothermale, le rôle clé des émissions hydrothermales dans la teneur en fer de l'océan, la stabilité temporelle des communautés sur plusieurs décennies, ainsi que l'existence de rythmes biologiques et comportementaux propres à certaines espèces.

Les progrès récents de la métagénomique permettent d'explorer la diversité et le fonctionnement des écosystèmes à de nouvelles échelles d'organisation dans l'océan, comme le microbiome (bactéries, archaea, virus et micro-eucaryotes). Des efforts se concentrent également sur le microbiome pélagique ou sédimentaire, ainsi que sur le microbiome externe des organismes, qui se révèle distinct du microbiome pélagique en termes de composition. Ces recherches, en plein essor, mettent déjà en lumière le rôle central des processus microbiens dans la régulation du changement climatique.

Nouvelles voies d'impact

En parallèle des progrès scientifiques, nous prenons conscience de l'ampleur de notre empreinte humaine sur l'océan, notamment en lien avec le changement climatique. Au cours des quinze dernières années, cinq grands domaines de préoccupation mondiale ont été identifiés:

- l'accélération du réchauffement de l'océan et la perte d'oxygène associée;
- l'élévation du niveau de la mer et la perte corrélée de la protection naturelle côtière;
- l'augmentation de l'acidification des océans;
- les modifications des régimes de vent et les perturbations des principaux courants océaniques et systèmes d'*upwelling*;
- les changements dans les modèles de production primaire, la répartition des espèces et la structure des écosystèmes.

Ces manifestations du changement climatique n'agissent pas isolément: elles interagissent avec d'autres pressions anthropiques, entraînant des impacts cumulatifs à l'échelle de tout l'océan. Il n'existe aujourd'hui aucun endroit dans l'océan qui ne soit touché par les activités humaines. Alors que les pêcheries subissent elles-mêmes les conséquences du changement climatique, la surexploitation directe des organismes exerce l'impact relatif le plus important sur les écosystèmes marins.

Le développement côtier non durable détruit des habitats précieux comme les forêts de mangroves et les récifs coralliens, qui protègent contre l'érosion côtière et hébergent des ressources marines exploitables. La déforestation et le défrichement augmentent les ruissellements terrestres et la pollution d'origine tellurique. Les microplastiques se retrouvent dans les organismes marins, jusqu'aux grands fonds. Par ailleurs, le trafic maritime favorise la propagation d'espèces non indigènes, aggravant les déséquilibres écologiques.

L'économie de l'océan, ou économie bleue, croît plus rapidement que l'économie mondiale, et l'utilisation humaine de l'océan s'intensifie à un rythme inquiétant. Cependant, les progrès vers la réalisation des objectifs internationaux de durabilité des océans demeurent insuffisants, et les inquiétudes grandissent quant à la possibilité de garantir une croissance bleue à la fois durable et équitable.

Les domaines d'action de l'Océan durable

L'urgence d'identifier et de mettre en œuvre des solutions pour une utilisation durable de l'océan a donné naissance à de nombreuses initiatives internationales. Celles-ci promeuvent des approches innovantes ou sous-utilisées, allant de la reconnaissance des pratiques durables traditionnelles et autochtones à l'élaboration de mécanismes financiers novateurs. Nous sommes actuellement à mi-parcours de la Décennie des Nations Unies pour les sciences océaniques au service du développement durable, offrant une opportunité unique d'utiliser la science comme levier d'action et de transformation. Les données et le socle de connaissances nécessaires pour faire de l'océan un modèle de durabilité sont déjà disponibles. Ce qu'il faut désormais, c'est agir.

Faire de l'océan un modèle de durabilité, c'est investir dans notre avenir commun.

Parmi les domaines d'action prioritaires, l'amélioration directe de la santé de l'océan figure en tête. Tous les efforts en ce sens contribueront à la santé globale de l'océan, mais des mesures ciblées doivent être envisagées, notamment la protection et, si nécessaire, la restauration de la biodiversité. L'utilisation des aires marines protégées peut générer des bénéfices tant écologiques que sociaux, tout en permettant d'atteindre plusieurs des objectifs de développement durable des Nations Unies consacrés à l'océan (ODD14).

Dans un monde en évolution rapide, il est essentiel de réduire les impacts existants des activités humaines sur les espèces, les habitats et les écosystèmes, tout en évitant de nouveaux dommages. Ce domaine inclut également les actions visant à atténuer le changement climatique, que ce soit en renforçant et en sécurisant la séquestration du carbone dans l'océan ou en réduisant directement les émissions de gaz à effet de serre.

Un deuxième domaine d'action pour un océan durable consiste à veiller à ce que l'équité et la justice sociales soient prises en compte dans toutes les questions liées à l'océan. Il est essentiel d'assurer un accès équitable aux ressources marines et de reconnaître et protéger les droits des populations les plus marginalisées, notamment les femmes et les communautés autochtones. Les projets de conservation ou de développement doivent être conçus dans une perspective de justice sociale afin d'éviter des dommages culturels inattendus pour les communautés les plus vulnérables.

L'identification et l'investissement dans des opportunités économiques durables constituent un troisième domaine d'action. Les investissements devraient cibler les secteurs à faibles émissions et favoriser la création d'emplois fondés sur une utilisation durable des services écosystémiques marins, tout en garantissant qu'ils bénéficient équitablement aux communautés locales. Dans un monde post-COVID, ces opportunités doivent être priorisées pour contribuer à la reprise économique.

Le développement d'une finance bleue innovante représente un quatrième domaine d'action. Ce mécanisme devrait s'articuler avec les efforts de financement du climat et de la conservation, en augmentant les investissements nécessaires pour soutenir les transformations requises. Avec des paiements incitatifs destinés aux acteurs privés, la finance bleue doit être durable à long terme.

Assurer une intégration scientifique forte constitue le cinquième domaine d'action. La communauté scientifique joue un rôle clé en fournissant des solutions fondées sur des preuves pour promouvoir la durabilité des océans. L'intégration doit s'opérer à plusieurs niveaux:

- Entre disciplines, en encourageant la collaboration entre les sciences sociales, naturelles et physiques.
- En valorisant et en utilisant les connaissances locales et autochtones.
- En coordonnant un système global d'observation des océans englobant des dimensions biophysiques, écologiques et socio-économiques.

Enfin, la recherche doit être adaptée aux contextes écologiques, économiques et socioculturels des problématiques de durabilité, en tenant compte des cadres réglementaires et des réalités politiques.

L'amélioration des connaissances et de l'éducation sur l'océan est un sixième domaine d'action. Elle vise à stimuler de nouveaux modèles d'action pour l'océan. Nous devons collectivement construire une identité océanique mondiale, remettre l'océan au cœur de nos vies et veiller à ce qu'il soit préservé pour les générations futures. Ce changement de perspective peut encourager l'émergence de nouvelles normes sociales, incitant gouvernements, entreprises et citoyens à modifier leurs comportements en faveur de l'océan.

La gouvernance inclusive et holistique est le dernier domaine d'action. Des instruments adaptatifs, coproduits à plusieurs échelles organisationnelles, peuvent promouvoir l'utilisation durable des ressources océaniques. Ces instruments sont soutenus par les six domaines précédents et créent les conditions nécessaires à leur mise en œuvre.

La science doit jouer un rôle central dans l'élaboration des politiques. Cependant, les interfaces science-politique restent rares, freinées par des processus politiques complexes et des divergences méthodologiques entre sciences et politiques. Plutôt que de rivaliser avec d'autres forces décisionnelles, la science doit coproduire des preuves avec elles, afin de garantir que les recommandations puissent se traduire en actions concrètes.

Cartographie du globe en projection de Spilhaus montrant l'unicité de l'Océan global. Cette projection, conçue par l'océanographe sud-africain Athelstan Spilhaus, illustre l'unicité de l'océan global. Ce cartographe visionnaire a voulu souligner les interconnexions des bassins marins, essentiels à la régulation climatique et à la biodiversité mondiale. En bleu les océans et en blanc les continents.

Le secteur privé, souvent impliqué dans les trajectoires actuelles non durables, est également de plus en plus reconnu comme un acteur potentiel de changement. En assumant un rôle de gérance de la biosphère, il peut contribuer à inverser ces trajectoires. Parallèlement, l'implication de la société civile, des communautés autochtones et locales dans des dispositifs de gouvernance inclusifs et participatifs est essentielle pour favoriser des comportements durables et encourager l'appropriation de pratiques responsables.

Vers une nouvelle ère pour l'Océan

L'océan est unique. Il a été le berceau de la vie sur notre planète et soutient aujourd'hui des services vitaux pour le bien-être humain. Préserver l'océan, c'est préserver notre mode de vie. Face à un océan impacté par toutes nos activités, il est crucial de le placer au centre de nos préoccupations collectives et d'utiliser les leviers identifiés pour entamer une nouvelle ère de relations durables avec cet écosystème indispensable.

Joachim Claudet

Joachim Claudet est directeur de recherche CNRS au CRIOBE-PSL et conseiller océan du CNRS. Spécialiste de la durabilité des systèmes côtiers et marins, il combine études de cas, méta-analyses et développement d'outils d'aide à la décision pour informer politiques et gestion. Il co-dirige le PEPR BRIDGES (France 2030), est auteur principal d'évaluations IPBES et siège au Conseil National de la Mer et des Littoraux. Président des conseils scientifiques de la Plateforme Océan-Climat et de MedPAN, il contribue à plusieurs comités et initiatives internationales sur la protection de l'océan. Il a dirigé un ouvrage sur les aires marines protégées.

comex

Plonger dans l'océan, c'est plonger dans notre avenir

Lorsqu'on parle de recherche scientifique tournée vers les grands défis de demain, on pense souvent à l'espace, au climat, à l'intelligence artificielle ou à la santé. Pourtant, il est un autre domaine tout aussi fondamental, et peut-être encore plus mystérieux, dont dépend largement notre avenir : l'océan.

L'océan n'est pas une simple étendue d'eau salée. Il couvre plus de 70 % de la surface de notre planète, régule le climat global, absorbe une part massive de nos émissions de carbone, fournit nourriture et emplois à des millions de personnes, et abrite une biodiversité stupéfiante, en grande partie encore inexplorée. Mais il est également une source de risques et de tensions : montée des eaux, acidification, perte d'habitats côtiers, surpêche, pollution plastique ou sonore, exploitation minière des grands fonds. Il est à la fois un acteur majeur des grands équilibres planétaires et un milieu menacé, soumis à des pressions croissantes, dans un contexte de changement global accéléré.

Super Achille, un ROV (remotely operated vehicle), petit sous-marin filoguidé et contrôlé à distance, en mission dans l'archipel des Marquises, en Polynésie française. Il est opéré depuis un navire océanographique néo-zélandais, le *Braveheart*. Il permet de faire des images, des vidéos et des prélèvements. Il est utilisé pour explorer les écosystèmes inaccessibles à la plongée sous-marine, jusqu'à 600 m de profondeur. Cette image a été réalisée dans l'océan Pacifique, dans le cadre de la campagne océanographique Pakaihi ite Moana, visant à mieux connaître le patrimoine naturel marin des îles Marquises.
© Thierry Perez / CNRS Images

Face à cet enjeu colossal, le Centre National de la Recherche Scientifique (CNRS) a une responsabilité particulière. Depuis plus de 80 ans, notre organisme soutient, structure et développe la recherche française dans toutes ses dimensions, notamment dans celles qui touchent à l'environnement, au vivant, à la Terre et aux sociétés humaines. La recherche sur l'océan, au CNRS, ne se limite pas à quelques laboratoires spécialisés. C'est un chantier profondément interdisciplinaire, qui mobilise l'ensemble des sciences: physique et chimie, sciences de la nature, sciences humaines et sociales, ingénierie, informatique, mathématiques. C'est aussi un champ d'action stratégique, au cœur de la mission que nous portons: produire des connaissances nouvelles, mais aussi les mettre au service de la société, des politiques publiques et des citoyens.

Étudier l'océan, c'est comprendre un système complexe et vital, tout en protégeant un écosystème fragile.

Comprendre un système complexe

L'océan est un système d'une complexité inouïe. Il interagit en permanence avec l'atmosphère, les glaces, la biosphère et la surface terrestre. Il influence le climat à toutes les échelles de temps, du quotidien jusqu'aux cycles millénaires. Il modifie la météo, atténue - mais parfois amplifie - les effets du changement climatique, transporte chaleur et nutriments à travers

Observation *in situ* de la ponte des coraux sur le récif barrière de Piha'ena (à gauche) et cartographie de la baie d'Opunohu (à droite), à Moorea, en Polynésie française, avec le sonar multifaisceaux Ping DSP de la barge scientifique Nohu-Criobe. La barge est un laboratoire mobile dédié à l'étude de l'écosystème récifal constitué d'une plateforme de recherche équipée de technologies de pointe. Elle accueille 2 techniciens de bord 24 heures sur 24 et 7 jours sur 7, et jusqu'à 10 scientifiques à la journée afin de profiter de toutes ses installations: véhicule sous-marin téléguidé (ROV), sonar multifaisceaux, capteurs *in situ*, caméra en temps réel, observation de nuit, laboratoire humide, etc.

le globe. Pour comprendre ces mécanismes, les chercheurs et chercheuses du CNRS développent des modèles de circulation océanique, conçoivent des capteurs de plus en plus précis, participent à des expéditions scientifiques dans les zones les plus reculées. Ils analysent les interactions entre courants, température, salinité, pression, lumière, chimie des eaux. Ils étudient le fonctionnement de la pompe biologique du carbone, le rôle des organismes planctoniques dans la séquestration du CO_2, les flux de méthane issus des sédiments marins.

Dans ce travail, la collaboration est essentielle. Nos équipes travaillent main dans la main avec celles de l'Ifremer, du CNES, de Météo-France, des universités, des agences européennes et des partenaires internationaux. Le CNRS est impliqué dans de grandes infrastructures de recherche comme le programme Argo de flotteurs dérivants autonomes, ou encore l'initiative internationale GEOTRACES, qui cartographie les éléments traces dans les océans du monde.

Mangrove sur la côte ouest, au nord de Nouméa, en Nouvelle-Calédonie. Dans cette collectivité française, les altérations superficielles des roches ultrabasiques, roches magmatiques très pauvres en silice, sont exploitées pour le nickel. © Fabrice Monna / ISEA / ARTeHIS / Biogeosciences / CNRS Images

Mangrove du Moule, en Guadeloupe. Cette mangrove est directement affectée par les déchets du gyre de l'océan Atlantique nord et les conditions physico-chimiques de l'eau y sont donc très variables en fonction de la distance à la mer. Autant de paramètres qui influent sur le devenir des nanoplastiques. © Cyril Fresillon / PEPSEA / CNRS Images

Les structures en éperons sillons sur la pente externe de Moorea sont caractéristiques de la zone de déferlement peu profonde des îles récifales de Polynésie française. Les failles dans la barrière corallienne permettent le passage des eaux océaniques qui alimentent le lagon. Le CRIOBE est l'un des plus éminents laboratoires français pour l'étude des écosystèmes coralliens. Il développe une recherche pluridisciplinaire – à la croisée de l'écologie, la génétique et la chimie – axée sur les récifs coralliens de demain. © Yannick Chancerelle / CRIOBE / CNRS Images

Observer, modéliser, protéger

Mais la recherche sur l'océan ne se limite pas à la physique ou à la chimie marine. Elle touche aussi à la biologie, à l'écologie, à la géologie. Les chercheurs et chercheuses du CNRS s'intéressent à la biodiversité marine dans toute sa diversité: des récifs coralliens aux abysses, des mangroves aux zones de remontée d'eau froide. Ils étudient les interactions entre espèces, les cycles de reproduction, les migrations, les dynamiques de population. Ils analysent les effets des polluants – plastiques, métaux lourds, contaminants émergents – sur les chaînes alimentaires. Ils scrutent les signaux d'alerte, parfois faibles, qui annoncent des effondrements écologiques en cours.

Dans les profondeurs marines, là où la lumière ne passe plus, nos équipes collaborent pour explorer des écosystèmes encore inconnus. Grâce à la robotique sous-marine, à la télédétection spatiale, à la biologie moléculaire, nous découvrons chaque année de nouvelles espèces, de nouveaux habitats, mais aussi de nouvelles vulnérabilités.

Le rôle du CNRS est d'observer, de décrire, de modéliser, mais aussi d'alerter, de proposer, de transmettre. Ce que nous apprenons sur les océans doit servir à mieux les protéger.

Comptage des poissons récifaux sur la pente externe de Kiritimati, une île de la république des Kiribati. Un plongeur répertorie toutes les espèces rencontrées dans un couloir de plusieurs mètres compris entre le fonds et la surface de l'océan. Il compte le nombre d'individus et note leurs tailles. Cette étude s'inscrit dans le suivi à long terme de la santé de différents récifs dans tout l'océan Pacifique, réalisé par le Service National d'Observation Corail (SNO Corail) depuis 25 ans. © Yannick Chancerelle / CRIOBE / CNRS Images

Penser avec les sciences humaines et sociales

Ce lien entre science et action est particulièrement visible lorsque l'on parle des sciences humaines et sociales. Trop souvent, les questions marines ont été abordées comme de simples problèmes écologiques ou techniques. Pourtant, les enjeux océaniques sont d'abord des enjeux humains. Ils concernent des modes de vie, des économies, des régimes de gouvernance, des cultures, des histoires, comme peut en témoigner l'Observatoire Hommes-Milieux Littoral méditerranéen. C'est pourquoi le CNRS soutient fortement les travaux en droit de la mer, en géographie littorale, en anthropologie maritime, en sociologie des usages ou en économie des ressources naturelles.

Les chercheurs et chercheuses en sciences humaines et sociales étudient les conflits d'usage entre pêche industrielle et artisanale, les tensions entre préservation de la biodiversité et développement touristique, les effets des politiques publiques sur les communautés littorales. Ils interrogent les représentations sociales de la mer, les imaginaires du grand large, les savoirs traditionnels ou autochtones liés aux milieux marins.

Ils jouent aussi un rôle clé dans l'interface entre science et décision, en participant à des dispositifs de concertation, en accompagnant des processus de gouvernance, en traduisant les enjeux scientifiques en choix politiques compréhensibles. Cette capacité à relier des échelles, des mondes, des disciplines, est une des grandes forces du CNRS.

Coopérer, transmettre, transformer

Nous vivons un moment charnière. L'humanité ne pourra réussir sa transition écologique sans prendre en compte les dynamiques marines. L'avenir de nos sociétés se jouera aussi sur les littoraux, dans les zones portuaires, dans les eaux territoriales, mais aussi en haute mer, là où se posent d'importantes questions d'éthique et de solidarité.

Le CNRS, en tant qu'acteur majeur de la recherche publique, entend jouer un rôle moteur dans cette transition. Cela suppose de continuer à soutenir une recherche fondamentale ambitieuse et indépendante, mais aussi de renforcer la place de la science dans la société. Nous multiplions les projets interdisciplinaires, les plateformes de dialogue, les coopérations avec les collectivités territoriales, les ONG, les organisations internationales.

Un mérou gâteau de cire, *Epinephelus merra*, collé au corail de l'atoll de Fakarava, dans l'archipel des Tuamotu, en Polynésie française. © Thomas Vignaud / CNRS Images

Nous sommes également très investis dans la Décennie des sciences océaniques pour le développement durable, lancée par les Nations Unies (2021 – 2030). Cette initiative mobilise toutes les formes de savoir pour construire une relation durable avec l'océan. Le CNRS y apporte son expertise, ses réseaux et sa capacité à faire dialoguer disciplines et cultures.

Car l'océan, plus que jamais, nous relie.

LA RECHERCHE SUR L'OCÉAN : UNE AMBITION COLLECTIVE

La recherche sur l'océan est un défi scientifique, mais aussi une aventure humaine. C'est une invitation à sortir des laboratoires, à croiser les regards, à explorer de nouveaux territoires. C'est une exigence de rigueur, de coopération et de responsabilité. Et c'est, pour le CNRS, une priorité.

Dans ce domaine comme dans d'autres, nous savons que la science ne peut pas tout. Mais nous savons aussi qu'elle est une boussole précieuse dans un monde incertain. C'est pourquoi nous continuerons à soutenir une recherche ouverte, libre, interdisciplinaire, ancrée dans les réalités du terrain, connectée aux grands débats de société.

Pour mieux comprendre l'océan. Pour mieux le respecter. Et pour mieux construire, ensemble, l'avenir.

Antoine Petit

Antoine Petit, professeur des universités et docteur en informatique, est spécialiste des méthodes formelles pour la vérification de logiciels. Enseignant-chercheur pendant vingt ans, il a ensuite occupé plusieurs fonctions de direction au CNRS, au ministère de la Recherche et à l'Inria, qu'il a présidé avant d'être nommé président-directeur général du CNRS en 2018.

Postface

• • •

REGARDS CROISÉS

Un bel avenir pour vivre et habiter l'océan

L'océan, vaste royaume de mystères et de forces immenses, est notre futur en mouvement. Ce liquide miroir, qui reflète nos rêves et nos aspirations, est à la fois source d'inspiration et d'épreuves. Il tisse les liens invisibles entre les peuples, entre les siècles, comme un fil d'Ariane, irriguant de son énergie nos cités et nos cultures. Il nourrit notre imaginaire, tout comme il forge notre réalité.

Venise est un merveilleux exemple, suspendue sur ses canaux, où l'eau se fait complice des artistes et des architectes. Loin de fuir cette mer intrépide, la ville a su s'y enfoncer pour en faire sa compagne de toujours, une cité qui danse avec les flots, frémissante sous la lueur de l'Italie. De même, Amsterdam, où le commerce et la mer se sont rencontrés au fil des siècles, a bâti une ville où les canaux épousent les désirs d'une époque florissante. Suzhou, en Chine, avec ses jardins entrelacés d'eau douce, prouve que l'art de l'architecture peut se fondre dans la nature. Il en va de même pour les villages lacustres des Badjaos, aux Philippines, où la mer et les hommes ne forment qu'un seul et même mouvement.

Ces cités aquatiques à travers le monde, véritables joyaux de l'humanité, ont su apprendre à vivre avec la mer. Elles l'ont apprivoisée et en ont fait un allié précieux. L'eau ne les engloutit pas, elle les magnifie. L'art, la culture et la nature se mélangent dans ces lieux sacrés où l'harmonie entre l'humain et le milieu aquatique se vit pleinement.

D'ici 2050 l'île de Mauhpiaa en Polynésie sera submergée. Pour éviter l'exode de ces 1500 habitants un projet audacieux a été imaginé: déplacer le village au cœur du lagon avec un ensemble de cheminements et d'habitats flottants inspirés de la culture polynésienne, respectant les fonds coralliens et alimentés exclusivement par des énergies renouvelables. Ce dispositif permettra à ce peuple de pêcheurs, de rester ancré sur leur terre ancestrale. ©Créations Jacques Rougerie

Mais aujourd'hui, la mer nous fait face et nous impose de nouveaux défis immenses: celui du changement climatique et de la montée des eaux. Les anciennes cités, comme Venise, Amsterdam et d'autres encore, qui ont su s'adapter aux caprices de l'eau, doivent désormais réinventer leur relation avec ce liquide vital. La mer n'est plus une alliée douce et complice, elle est devenue une force avec laquelle nous devons composer, une force qui défie nos villages, nos villes et nos modes de vie.

Les peuples de la mer, ceux qui, depuis la nuit des temps, ont su cohabiter avec les vagues, les marées et les courants, détiennent des solutions. Prenons l'exemple des habitants des îles maldiviennes, qui ont compris les secrets de l'eau et ont bâti des havres flottants sur des lagons et des récifs coralliens menacés de submersion. Ces peuples ont appris à comprendre le flux de l'eau, à en maîtriser les rythmes, et à y adapter leurs vies. Ils ont trouvé des solutions uniques pour construire sur l'eau, pour habiter un espace mouvant et en perpétuelle évolution. Il en va de même pour les villages flottants du Mékong, au Vietnam, où l'eau fait partie intégrante de la vie quotidienne. Là, les habitants vivent avec un fleuve capricieux, qui change de forme à chaque saison. Cette adaptation face aux caprices de l'eau est un modèle à suivre dans nos propres villes et vies.

La mer, les eaux douces, les rivières, ont toujours nourri l'ingéniosité humaine. Les deltas du Bangladesh, avec leurs habitations sur pilotis, témoignent de cette capacité à s'adapter et à s'élever au-dessus des flots. Comme ces peuples, nous devons aujourd'hui imaginer de nouvelles formes de vie et d'architecture, qui épousent les courbes et les vagues de la mer, qui dansent avec elle sans lui résister. L'élévation du niveau de l'océan n'est plus une menace hypothétique, elle est devenue une réalité de tous les jours. Elle inquiète Jakarta, où la ville s'enfonce chaque année un peu plus sous le poids des eaux salées. Elle menace les rives des continents, où l'érosion engloutit terres cultivées et habitations. Elle affecte les deltas, où les terres agricoles sont submergées par l'eau salée. Même les cités autrefois protégées par des systèmes d'ingénierie sophistiqués, comme Venise, voient leurs canaux devenir plus profonds, leurs édifices plus vulnérables.

Pourtant, la mer n'est pas un ennemi. Elle est une muse, une complice, une matière à créer et à transformer. Aujourd'hui, il est essentiel d'imaginer l'architecture actuelle et future comme une symbiose avec l'océan. Ce n'est pas une lutte contre l'eau, mais un échange avec les éléments. Cette nouvelle architecture doit puiser son inspiration dans les formes et les structures naturelles. Elle doit apprendre du biomimétisme cher à Léonard de Vinci, cette science qui regarde la nature pour en tirer des solutions

Conçus en 1974, ces habitats biomimétiques sous-marins préfigurent un village sous la mer au large des îles Vierges aux États-Unis, en suspension entre deux eaux par moins 25 à 50 mètres. Imaginé pour les recherches scientifiques et techniques océanographiques et spatiale le village sous la mer abrite une communauté de 250 aquanautes et astronautes qui partagent les similitudes de vies en milieux extrêmes. © Créations Jacques Rougerie

innovantes. Il faut s'inspirer des mangroves et des récifs coralliens, des coquilles marines et des algues pour concevoir des habitats capables de composer avec les forces océaniques, tout en respectant les cycles naturels.

Les mangroves, véritables barrières naturelles contre l'érosion, sont un modèle à suivre. Ces écosystèmes côtiers sont constitués d'arbres, notamment des palétuviers, et situés dans les zones tropicales. De même, les coquilles marines, avec leur structure parfaite, inspirent des matériaux légers et durables. Aujourd'hui, des chercheurs et des architectes s'inspirent de ces formes naturelles pour créer villages flottants et stations sous-marines, qui résisteront aux vagues et à la montée des eaux. L'architecture biomimétique offre des solutions puissantes pour imaginer des habitats durables, respectueux de l'environnement, capables d'offrir une vie de qualité tout en préservant les équilibres marins.

Mise à l'eau pour la première fois en mars 1978, ce refuge d'exploration sous-marine scientifique et pédagogique reste encore opérationnelle. Suspendue entre deux eaux, l'Aquabulle sert à la fois de cellule de décompression pour les professionnels et d'espace d'observation scientifique. Elle peut accueillir jusqu'à 3 personnes.
© Créations Jacques Rougerie et © Guillaume Ruopplo pour la photographie

L'objectif n'est pas de lutter contre l'océan, mais d'apprendre à vivre avec lui, en créant des cadres de vie et des villes où l'eau devient un élément structurant, où les technologies marines, les énergies renouvelables et la biomasse marine deviennent des alliées dans cette symbiose. Les énergies thermiques des mers, qui exploitent les différences de température entre les profondeurs et la surface, peuvent aussi fournir des solutions pour rendre ces habitats autonomes en énergie.

Ces cités ne seront pas seulement des refuges face à la montée des eaux. Elles seront des lieux d'innovation, de culture et d'échanges entre l'homme et la mer. L'eau, dans ces cités, ne sera pas un obstacle, mais une alliée précieuse, un élément central de la vie réenchantée, un support pour le rêve et l'imaginaire.

Ces villages et ces villes incarneront la résilience, l'adaptation et le respect de l'environnement. Elles seront un modèle pour les générations futures.

L'avenir de l'habitation humaine est inexorablement lié à l'eau et se construira en pluridisciplinarité et en multiculturalité. Nous avons l'opportunité de bâtir un avenir résilient, où l'homme et l'océan vivront en parfaite harmonie. À travers les peuples de mériens, les cités flottantes, et l'architecture biomimétique, il est possible de créer un monde où l'eau, loin de nous engloutir, nous portera, tel un vaisseau léger, à travers les âges et l'océan du futur.

L'eau est notre héritage, mais aussi notre avenir. Il est temps de vivre en symbiose avec l'océan, car dans ses vagues, dans son énergie et dans sa biodiversité, réside la beauté du monde à venir.

Jacques Rougerie

Architecte-océanographe visionnaire de renommée internationale, académicien membre de l'Institut, il fonde ses recherches et ses réalisations sur une architecture biomimétique, bio-inspirée. Il réalise à l'international des équipements innovants emblématiques, musées, centres de la mer, aéroports, centres culturels, universités, centres aquatiques…
Passionné par la mer, l'espace, et les nouvelles technologies, il construit des habitats et des laboratoires sous-marins, des villages flottants et mène le projet de vaisseau d'exploration scientifique SeaOrbiter. Il expérimente lui-même ses réalisations. En véritable explorateur, il a vécu à plusieurs reprises dans des habitats sous-marins et a participé au record du monde de 69 jours sous la mer aux États-Unis.

Conçu en 2000, SeaOrbiter est une station internationale océanique de recherches scientifiques et technologiques, à l'instar de la station ISS de l'espace. Ce vaisseau dérivera dans les grands courants marins et accueillera 24 personnes. Il est constitué d'une base sous-marine pressurisée, d'où partiront les plongeurs ainsi que les engins d'exploration sous-marine. La coque est en aluminium recyclé d'une hauteur de 58 mètres dont 31 mètres sous l'eau et 27 mètres à la surface. Son architecture bio-inspirée par le squelette de l'hippocampe lui inspire sa forme et lui donne un caractère symbolique de cheval des mers. © Créations Jacques Rougerie

La mer, une longue histoire qui n'en finit pas

Partout dans le monde, l'Université a segmenté l'Histoire en quatre périodes : l'Antiquité, le Moyen Age, l'époque moderne (XVI-XVIIIe siècles), et l'ère contemporaine. Une découpe occidentalo-centrée qui ne convient que très imparfaitement aux réalités historiques des autres aires géographiques.

Il est cependant une manière différente de voir, d'aborder, de présenter l'Histoire ; cela a été toute la quête du Programme Océanides[1]. Les travaux menés par les 264 contributeurs nous amènent à proposer une autre segmentation, une structuration bien plus en adéquation avec l'Histoire, les Histoires particulières des différentes aires géographiques, un cadre rendant bien plus intelligible et parlante la dynamique du temps. Prendre, non plus la terre comme espace de référencement historique, mais la mer est un renversement d'attitude complet. L'étude de nos objets de recherche ne se concentre plus dans le seul cadre national ou politique, mais sur ce qui précisément unit les différents ensembles. C'est considérer l'espace marin non pas comme une séparation mais comme un trait d'union. Le lieu par excellence des échanges qu'ils soient d'ordre commercial, culturel,

1. Buchet, Christian (dir.). 2017. *The Sea In History / La Mer dans l'Histoire*, 4 vol. Londres, Boydell and Brewer. Buchet, Christian. 2022. *Osons la mer*. Paris, Le Cherche-Midi. Cet ouvrage est une synthèse à destination du grand public de l'ouvrage précédent.

scientifique... C'est ne plus se contenter d'étudier les ensembles politiques en eux-mêmes et dans les rivalités qu'ils ont eues avec leurs voisins mais les appréhender dans leur participation à la synergie générale qui se dégage de cette dynamique de flux et qui s'appelle l'Histoire.

Dans cette perspective, on peut distinguer deux âges, qui nous semblent avoir présidés aux destinées humaines. Il y eut d'abord le Temps des Méditerranées, au pluriel, auquel succéda celui de l'Atlantique. Loin de totalement contredire la segmentation en quatre blocs, cette vision, ce cadre universel en confirme et en précise une pertinence relative puisque, aux époques antique et médiévale, nous pouvons faire correspondre le Temps des Méditerranées, tandis que les périodes moderne et contemporaine coïncident avec celui de l'Atlantique. Mais ce dernier n'est déjà plus, sans même en avoir pleinement conscience. Nous avons quitté la période contemporaine pour rentrer dans un nouveau et troisième moment de l'Histoire, qui ouvre à tous les possibles et que nous appellerons le Temps de l'Océan mondial.

Le Temps des Méditerranées

La notion de maritimité, apparue au début des années 1990, désigne les différentes façons que les sociétés humaines ont de s'approprier la mer. Les périodes antique et médiévale forment, en effet, un tout sous cette emprise.

Par Méditerranées au pluriel, nous voulons signifier qu'il y eut en parallèle plusieurs chronologies, plusieurs espaces où l'Histoire s'est déployée. Elle s'est étendue partout, bien sûr, où vivaient d'importantes communautés humaines, et l'on n'a que trop négligé en Occident l'histoire du monde oriental, répartie sur le pourtour de ce que François Gipouloux a qualifié de « Méditerranée asiatique », centrée sur la mer de Chine. Cette zone s'étend de Vladivostok à Singapour en passant par la mer Jaune et celle des Célèbes. Elle est reliée de façon tenue à notre propre espace. Grâce au Programme Océanides, l'attention a été portée sur l'Océan Indien et sa fonction de connexion de ces deux Méditerranées. Bien des travaux historiques et archéologiques doivent être encore menés pour évaluer la place et le rôle de cet océan dans l'Histoire humaine. Lieu de convergence des routes reliant déjà les trois continents de l'Ancien monde, l'Océan Indien pourrait bien être le cœur, l'épicentre de tous les bouleversements de la Terre. Qui tient cet espace maritime, tient l'essentiel du commerce planétaire. Bien plus que le ***heartland*** (l'Eurasie) dans lequel Mc Kidder voyait l'élément pivot de la domination économique, l'océan Indien pourrait bien être ce qu'il nous plaît d'appeler par analogie le ***heartsea***, dont la maîtrise des flux a toujours conféré la prédominance. C'est toute l'Histoire universelle qui gagnerait à être revisitée sous ce prisme pour comprendre le cadencement des équilibres géopolitiques, de l'Ancien monde à aujourd'hui.

Le déclin de l'empire romain serait-il finalement étroitement lié à la perte du contrôle du commerce indien ce qui chamboule toute la vision classique de la géopolitique.

Ce qui définit ce premier Temps, c'est donc le cloisonnement relatif de ces espaces maritimes dotés de leurs histoires particulières.

Le Temps de l'Atlantique

1488: le portugais Bartholomé Dias double la pointe de l'Afrique, le cap de Bonne-Espérance. La route maritime vers l'Orient venait d'être découverte, et cette voie nouvelle allait ébranler les assises économiques du monde tel qu'il tournait alors. Les épices, les parfums et autres produits que l'on faisait venir d'Asie depuis la plus haute Antiquité, par voie terrestre, jusqu'aux ports de Beyrouth et d'Alexandrie, vont désormais arriver directement par l'Atlantique qui connecte L'océan Indien jusqu'en Europe…

L'heure de la primauté économique du monde atlantique, ou de l'Occident, est venue. Finis les innombrables et incalculables intermédiaires qui, à force de chameaux et caravanes, acheminaient lentement épices et parfums jusqu'aux rives de la Méditerranée. Ce sont désormais les armateurs européens des pays atlantiques qui vont s'arroger tous les fruits de ce négoce pour l'assurer de bout en bout. Les richesses jusqu'alors disséminées le long des routes traversées se concentrent en Europe. Pour la première fois, l'économie mondiale est tenue par une seule aire géographique: l'Occident connaît un formidable essor économique, en même temps que technologique, qui lui confère encore la prédominance que l'on sait.

1492: Christophe Colomb découvre, ou plutôt redécouvre, l'Amérique. A-t-on suffisamment mesuré le bouleversement profond que ce fut pour certains pays, tout particulièrement pour l'Angleterre, jusqu'alors la nation la plus excentrée de l'univers connu? Auparavant limitée à la seule expansion vers l'est, vers le continent – ce qui explique la guerre de Cent Ans de 1337 à 1453 – elle peut désormais tourner ses regards vers l'ouest, non pas tant pour conquérir des terres que pour maîtriser les flux commerciaux.

1488… 1492, les dés sont jetés!
Une partie aux règles inédites s'engage.
Voici venu le Temps de l'Atlantique,
du «grand désenclavement planétaire»
pour reprendre l'expression de Pierre Chaunu.

Cette véritable révolution n'a pas été perçue dans toute sa force, notamment en France et en Espagne, pays qui ont chacun un pied en Méditerranée, un autre dans l'Atlantique.

Il en va différemment pour l'Angleterre, le Portugal et les Provinces-Unies (une partie des Pays-Bas actuels), qui sortent de leur impasse périphérique et se trouvent recentrés.

Le Temps de l'Océan Mondial

Nous avons la chance de vivre depuis le début des années 1990, une révolution géographique, économique et culturelle. Encore chaussés du prisme des lunettes du Temps révolu, beaucoup parlent de crises alors qu'il est plutôt question d'une période d'extraordinaires mutations et d'accélérations. Quatre facteurs éminemment structurants caractérisent ce Temps de l'Océan mondial. Sous nos yeux, ils modifient durablement la géoéconomie et la géopolitique du Temps de l'Atlantique qui n'est plus.

Le premier est la maritimisation tous azimuts de l'espace asiatique. Finie, en effet, la primauté absolue des puissances de la zone atlantique, voici que les pays asiatiques ont repris en main leur destinée économique. L'exemple chinois est de ce point de vue éclatant. L'empire du Milieu quitte son métacentre et se projette résolument sur les mers. Alain Peyrefitte fut l'un des premiers à entrevoir ce que le réveil chinois pouvait augurer dans le rythme cardiaque de l'économie mondiale. Le titre de son célèbre ouvrage Quand la Chine s'éveillera... aurait cependant été plus près de la révolution qui allait se mettre en place s'il eut été *Quand la Chine s'ouvrira sur les Mers...* C'est tout le concept de la Nouvelle route maritime de la soie dans laquelle Pékin investit à coups de milliards de dollars depuis septembre 2013 afin de devenir le métacentre de la logistique mondiale.

Le deuxième facteur est l'explosion démographique et sa concentration sur le littoral. Une croissance, en effet, sans précédent par son ampleur dans l'Histoire de l'humanité. Alors que la planète ne comptait qu'un milliard d'habitants en 1804, nous sommes 8 milliards depuis novembre 2023, et la population mondiale devrait culminer à quelque 10,1 milliards en 2050... Soit une augmentation de plus de 2 milliards en seulement 27 ans. Les foyers de peuplement se concentrent de plus en plus en bordure de mer; en 2025 d'ailleurs, 75% de la planète se concentre sur une bande littorale de 75 kilomètres de large. Ce chiffre grimpera à 80% en 2050... C'est dire combien nous allons avoir de plus en plus recours à la mer qui contient «la quasi-totalité des solutions» pour un avenir que nous pouvons plus que durable qualifier de désirable, pour reprendre l'expression des 327 experts du Grenelle de la mer. Les usages que nous en faisons se multiplient. La pêche et les transports ne sont déjà plus les deux seules activités que l'homme pratique. Le propre de ce nouveau Temps de l'Histoire, c'est d'intensifier notre recours à l'océan dans sa quadri-dimensionnalité (surface, tranche d'eau, sol et sous-sol marin) pour satisfaire nos besoins. La mer et les fonds marins se trouvent désormais au cœur des principaux enjeux économiques et scientifiques.

Dans le même mouvement, mais qui s'en étonnera, les ensembles politiques se tournent de plus vers la mer.

Le nouveau Droit de la mer conclu en 1982 à Montego Bay, en Jamaïque, est appliqué depuis 1994. Ce troisième facteur bouscule la géoéconomie politique en créant des ZEE – zones économiques exclusives. Tout pays bordier de l'océan dispose, en plus de ses eaux territoriales s'étendant jusqu'à 12 milles marins, d'une bande minimale de 200 milles marins – soit 372 kilomètres – dont il est, en surface comme dans ses fonds, pleinement souverain sur le plan économique. La zone passe à 350 milles marins si le pays peut prouver que son plateau continental s'étend jusqu'à cette limite. Quand on sait que ce sont dans ces terres marines proches des zones terrestres émergées que se trouve l'essentiel des matières premières et des ressources halieutiques, on comprend aisément la détermination des pays les plus avertis (États-Unis, Canada, Russie, Chine...) à se doter du plus grand domaine maritime possible. Voici venir le Temps de la conquête des îles, non pas pour elles-mêmes, mais parce qu'elles donnent accès à un espace étendu. Ainsi s'expliquent aujourd'hui les revendications politiques de la Chine sur des îles appartenant au Japon, à la Corée du Sud, aux Philippines, au Vietnam. Ce géant terrestre ne bénéficie pour l'heure que du dixième domaine maritime derrière respectivement les États-Unis, la France, l'Australie, la Russie, la Nouvelle-Zélande, l'Indonésie, le Canada, le Royaume-Uni et le Japon.

Quatrième et dernier facteur, les routes maritimes du Nord, à l'instar du big-bang géographique des années 1488-1492 vont profondément bouleverser l'économe-monde. La donne géopolitique est aujourd'hui modifiée avec le passage du Nord-Ouest – le long des côtes canadiennes – ou celui du Nord-Est. Longer le littoral de la Russie est désormais possible sous l'effet du réchauffement climatique et en utilisant des brise-glace 365 jours par an comme le montre régulièrement certains méthaniers en plein hiver. Que l'on emprunte l'un ou l'autre, la distance de l'Occident à l'Asie se réduit à 15700 kilomètres contre 21000 kilomètres par le canal de Suez, et 23000 kilomètres par Panama. Soit 25 à 30% de kilomètres en moins et un gain de temps de près de 40%, du fait de l'affranchissement des formalités administratives et manœuvres nautiques inévitables sur ces deux canaux. Finies les difficultés liées au tirant d'eau, ce qui ne limitera plus le gabarit des navires. Ces deux passages présentent, de surcroît, un autre atout majeur, celui de la sécurité pour être éloignés des zones à risques. On l'imagine avec réalisme, même s'il ne s'agit nullement de faire l'apologie du réchauffement climatique qui en imprime malheureusement la marque, rien n'arrêtera le développement du trafic dans ces passages. Ils vont aussi et surtout aboutir à désenclaver les deux zones les plus riches de la planète, véritables culs de sac jusque-là inaccessibles : le nord du Canada et la Sibérie.

Mais l'exploitation annoncée de l'Océan fait peser des menaces tout aussi importantes que les espoirs qu'elle permet de nourrir. Il est au cœur des défis d'aujourd'hui : dérèglement climatique, effondrement du capital sédimentaire et érosion du littoral, disparition de certaines espèces de ressources halieutiques, pollution et menaces sur les écosystèmes marins, qui abritent 80 % de la biodiversité de la planète...

Aussi l'un des plus grands enjeux de ce troisième Temps de l'Histoire mondiale qui s'ouvre est celui de la protection de cet univers marin. N'oublions jamais que si la mer est le moteur de l'Histoire et, partant de ce constat, le rivage de notre avenir, nous n'aurons pas d'océan de rechange. Vers quelle Histoire voulons-nous aller ? Et si pour le meilleur cet océan mondial « bien commun de l'humanité » nous invitait à une nouvelle manière de voir, d'avoir et d'être ?

Christian Buchet

Christian Buchet, membre de l'Académie de Marine est directeur du Centre d'Études de la mer de l'Institut catholique de Paris. Ancien secrétaire général du Grenelle de la mer, il a été directeur scientifique du programme Océanides, la plus grande étude historique mondiale jamais réalisée sur la mer.

Cette représentation complète de notre nation inclut l'ensemble de ses territoires, bien au-delà de l'Hexagone et de la Corse. Elle montre que la mer relie tous nos territoires et révèle le potentiel de la France, qui dispose de la deuxième plus grande Zone Économique Exclusive (ZEE) au monde, répartie sur tous les océans.
Créée par Gérard d'Aboville, l'amiral Pierre Soudan et Christian Buchet, cette carte a été réalisée par le Ministère de la Transition écologique, du développement durable et de la mer sous l'autorité de Jean-Louis Borloo et fut l'emblème du Grenelle de la Mer.

L'archipel France dans le monde

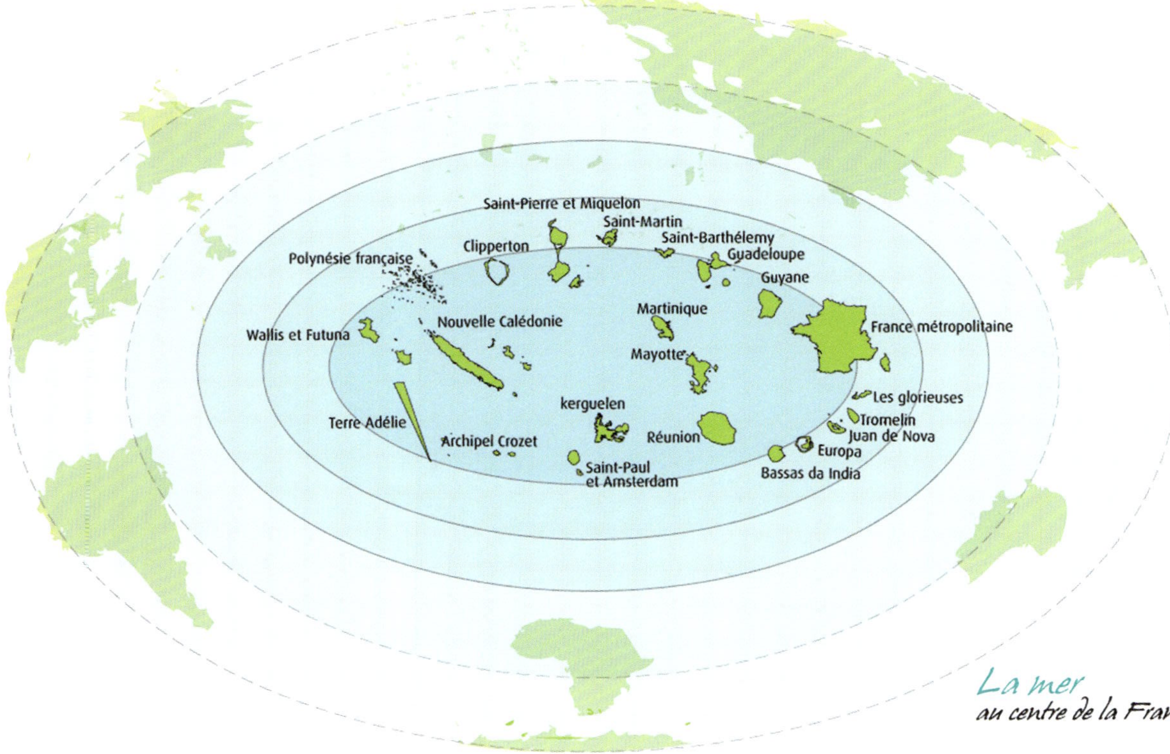

La mer
au centre de la France

Table des matières

Remerciements

Je remercie très sincèrement l'ensemble des auteurs, scientifiques, écrivains, historiens et journalistes, qui, en toute amitié, ont accepté de participer à cette aventure collective.

Tous les droits d'auteur seront reversés au Lycée de la Mer de Gujan-Mestras, sur le bassin d'Arcachon. Ils participeront au financement (année scolaire 2025-2026) du projet de recherche en écotoxicologie impliquant une centaine d'élèves, ainsi qu'à des projets en faveur de la préservation du patrimoine naturel marin.

Je remercie toute l'équipe des Éditions Glénat pour son professionnalisme et sa confiance.

Chers lecteurs, chères lectrices, j'espère que l'accès à ces connaissances scientifiques vous incitera à participer, à votre tour et chaque jour, à la protection de l'océan et de sa biodiversité.

Dans la même collection « Hommes et Océans » :

Fabrice Amedeo, *Seul face au large*
Patrick Benoiton, *40 ans de Mini-Transat*
Julie Bourgois, *Sam Davies & Romain Attanasio, l'amour grand large*
Catherine Chabaud, *Parfums de Rhum*
Dominique Charnay, *Moitessier*
Jean-Yves Chauve, *L'Atlantique en eaux troubles*
Éric Cintas, *Damien Seguin, le défi d'une vie*
Guillaume de Monfreid, *Henry de Monfreid, impossible grand-père*
Guillaume de Monfreid, *Vagues, la mer dans tous ses états*
Jacques Ducoin, *Barbe-Noire*
Lamya Essemlali, *Paul Watson, Sea Shepherd, le combat d'une vie*
Karin Huet, *À même la mer*
Gérard Janichon, *Moitessier, dieux et dragons*
Gilles Le Baud, *Je ne danse que sur les vagues*
Olivier Le Carrer, *La Mer expliquée aux terriens*
Olivier Le Carrer, *Le Rêve d'une île*
Raphaëla Le Gouvello, Hélène André, Guy Saillard, *Vent debout*
Chantal Loiselet, Patrick Deschamps, *Démerdez-vous pour être heureux ! Le Bel Espoir du père Jaouen*
Éric Loizeau, *Chavirés*
Éric Loizeau, *Du Cap Horn à l'Everest*
Éric Loizeau & Romain Pilliard, *Use it again !*
Ellen MacArthur, Jocelyn Blériot, *Les Pieds sur terre*
Susea McGearhart, Tami Oldham Ashcraft, *À la dérive, seule dans le Pacifique*
Farley Mowat, *Mort à la baleine*
Peter Nichols, *Golden Globe*
Sandrine Pierrefeu, *La matelote et les funambules*
Sandrine Pierrefeu, *Partir 66° Nord, Chroniques d'une apprentie capitaine*
France Pinczon du Sel, Éric Brossier, *Circumpolaris*
Pierre Robert de Latour, *Frère des orques*
Claude Villers, Christian Clères, *À bord du* France
Paul Watson, *Urgence ! Si l'océan meurt nous mourrons*
Steven Weinberg, *Passion plongée*

PEFC
10-31-1470

Achevé d'imprimer en France en septembre 2025 par Sepec - 20137250602.